世界著名大学人文建筑之旅

CENTRAL CAMBRIDGE:

A GUIDE TO THE UNIVERSITY AND COLLEGES

爱丁堡公爵、剑桥大学前任校长、菲利普亲王殿下作序

世界著名大学
人文建筑之旅

剑桥大学人文建筑之旅

凯文·泰勒◎著　杨莫◎译　志村博◎摄影

上海交通大学出版社
SHANGHAI JIAO TONG UNIVERSITY PRESS

内容提要

  本书系"世界著名大学人文建筑之旅丛书"之一，是对英国剑桥大学这所举世闻名的学院制大学的全貌概览。剑桥大学本身没有围墙，绝大多数的学院、研究所、图书馆和实验室都建在剑桥镇的剑河两岸，其许多建筑仍保留着中世纪以来的风貌，古色古香，别具一格。本书在介绍剑桥大学这些特色建筑的同时，配以历史、人文方面的描述，让读者能充分领略到在剑桥"迈一步就踩着历史、回回头都是文化"的独特人文魅力。

图书在版编目 (CIP) 数据

剑桥大学人文建筑之旅 / （英）泰勒（Taylor, K.）
著；杨莫译. —上海：上海交通大学出版社，2014
（世界著名大学人文建筑之旅）
ISBN 978-7-313-10046-7

Ⅰ. ①剑… Ⅱ. ①泰… ②杨… Ⅲ. ①剑桥大学—教育建筑—介绍 Ⅳ. ①TU244.3

中国版本图书馆 CIP 数据核字（2013）第 149450 号

剑桥大学人文建筑之旅

著　　者：凯文·泰勒
出版发行：上海交通大学出版社
邮政编码：200030
出 版 人：韩建民
印　　制：上海景条印刷有限公司
开　　本：787 mm×1092 mm　1/16
字　　数：126千字
版　　次：2014年7月第1版
书　　号：ISBN 978-7-313-10046-7/TU
定　　价：45.00元

译　　者：杨　莫
地　　址：上海市番禺路951号
电　　话：021-64071208

经　　销：全国新华书店
印　　张：10.25

印　　次：2014年7月第1次印刷

Central Cambridge was first published in 1994 in response to the growing number of visitors to the Town and University. Since then there have been numerous re-prints, but this is an entirely updated and expanded version. Cambridge may look as if nothing had changed for centuries, but neither Town nor University have ever stood still. There have been major developments in both since the first edition of *Central Cambridge*.

Cambridge is a remarkable mixture of ancient and modern; town and gown; College communities and academic institutions. It is a product of evolution rather than of deliberate design. There are buildings dating from every stage of its development since the early middle ages. The University and City give it an unique atmosphere as they continue to adapt to changing circumstances, and bring life and meaning to their respective parts of the whole. It is most certainly neither à museum nor a tourist trap.

After some 800 years, the University has become a complex organism, and, for those who have no experience of its contemporary life and activities, a general guide – such as this – is essential to understanding this ancient community and seat of learning, and modern center of research. It describes many of the famous clerics, scholars and builders, who have helped to make its architecture and its history. It also draws a picture of it as a vigorous and energetic part of the educational fabric of our nation, and of the world's academic community as a whole.

序言 (译文)

爱丁堡公爵菲利普亲王殿下
剑桥大学校长（1977~2011年）
白金汉宫

《剑桥大学人文建筑之旅》1994年问世，以回应造访剑桥城和大学的游客的增长。从那以后该书已经有大量重印，不过本版是一个彻底更新和扩展的版本。剑桥可能看起来历经多个世纪而没有什么变化，但不管城市还是大学都从未停滞不动。两者在《剑桥大学人文建筑之旅》初版之后都有重大变化。

剑桥是古老与现代、大学城居民与大学师生、学院社区与学术机构的非凡结合。它是自然演化而不是存心设计的结果。中世纪早期以来剑桥每个发展阶段的建筑都有留存。当大学和城市不断适应环境变化时，它们赋予了剑桥一种独特气氛，为各自在这一整体中的部分带来生命和意义。它绝对不是一个博物馆，也绝对不是一个旅游陷阱。

在大约800年之后，大学已经变成一个复杂的有机体。对于那些没有体验过其当代生命和活动的人来说，一本像这样的一般指南对于理解这个古老学术社区以及现代研究中心是至关重要的。它描述了很多著名的牧师、学者和建造者，他们助力于剑桥建筑与历史的构建。同时，它也描绘出剑桥是英国教育组织乃至全球学术界中充满生机与活力的一员的图景。

菲利普

译序

　　得知翻译《剑桥大学人文建筑之旅》的邀约时，我正在基督学院的花园中漫游，希望借此消化午餐谈话中摄取的精神食粮：满头银发的埃及学专家讲述的国王谷考察轶事、我的合作导师的科学史研究进展、一位生物化学博士生的实验室新发现……而我散步的终点如常，总是那棵传说中由17世纪诗人弥尔顿手植的桑树。正值桑椹成熟的季节，阳光之下，紫红色的桑椹在宽大绿叶的间隙中闪闪发亮，夸示着生命的丰盈。剑桥八百年历史的积淀，带来自然和人文如此深刻的融合。每一株植物、每一块砖石、每一湾流水都成为故事的讲述者，而过客如我，在倾听中忘言、在别离时神伤。于是，在离开剑桥的日子里，这本书的翻译就成了时断时续的回忆之旅。但同时，它也是一个发现和重新发现之旅——剑桥的丰富性总在你的意料之外。

　　本书原是一个导游手册，比起《世界著名大学人文建筑之旅》丛书中的其他卷册来说略显单薄，但也许这使它更适合一卷在手、充当悠游之伴侣。曾有一位导游朋友将英文版送给我做礼物，他是皇后学院的毕业生，从附近中学教职退休之后就在闲暇时为剑桥游客服务。他给我指过40多年前自己在皇后学院读书时的宿舍窗户，手势骄傲而又深情。而我在北大读博时朝夕三年的27号楼在毕业四年之后即被拆除，为教育学院新楼腾出空间，这个手势从而永远铭刻于心。全世界都感叹于中国速度，剑桥却如剑河浅流，在时光中保守着自己的节奏，传递一种别无他寻的精神力量。任光阴荏苒，剑河的水光依然潋滟，国王学院后岸仍旧有牧牛在反刍，叹息桥还是能够惹人长叹，三一后学一代又一代搬进牛顿居住过的房间……徐志摩曾与剑桥（即他笔下的康桥）有过短暂遭逢，他写道："我的眼是康桥教我睁的，我的求知欲是康桥给我拨动的，我的自我意识是康桥给我胚胎的。"诗人虽然易作惊人之语、常发夸张之慨叹，但这一份欣然领受的心情大抵是不错的。

人们怀着各样心愿来到剑桥。2005年金庸获颁剑桥大学荣誉博士学位，同年他以研究生身份入读圣约翰学院，最终于2010年86岁时获得博士学位。为纪念他的剑桥岁月，2012年7月4日在圣约翰学院的玫瑰园揭幕了一块砂岩石碑，上书"花香书香缱绻学院道，桨声歌声宛转叹息桥"。碑文落款"学生金庸"，这四个字的奇异组合瞬间将每位访客或明晰或隐约的心愿定格——让我在这里读书吧。人们又怀着各色情绪挥别剑桥，不过估计每位中国学人都会默念徐志摩的这句诗："轻轻的我走了，正如我轻轻的来。"对我来说，有一部分时空取自剑桥同时又驻留于剑桥，成为生命中永恒的参照系。

记得第五次作别剑桥之前，我来到克莱尔学院的后岸，去寻找那个据说搬来移去的孔子像，却在偶然中沿着不起眼的树篱路走进了河畔的学院学者花园。精致、规整、节制，它的匠心不经意间铺展在眼前，例示着英国特有的花园文化，而对岸不远处就是本书封面中三一堂的杰伍德图书馆。那一刻我意识到：在剑桥，发现之旅没有尽头。下一次造访，我会带着这本《剑桥大学人文建筑之旅》。

最后，感谢上海交通大学出版社的选题以及李旦编辑的耐心。我的剑桥师友们，我对剑桥的怀念，有一部分留给你们。

杨　莫

2012年初冬

前言与致谢

　　《剑桥大学人文建筑之旅》初版是1994年问世的。在后续重印中做过小幅更新，但此书第二版代表了内容和版式上的首次重大修正。

　　彻底修改、更新和重新设计的新版本包含新近委约的照片，主要来自日本艺术家和摄影师志村博（Hiroshi Shimura）。新版本还包括全面更新的文字内容，所有事实和数字都经过适当的重审、补充和更新。各个学院和大学的条目得以扩展，以纳入新细节和描述新建筑。新制地图改编于官方大学地图的最新版本，词汇表、阅读书目部分和索引都大幅扩展，还有前任校长菲利普亲王殿下的新序。本书的几乎每个条目都接受了某些更新或添加，它们中有很多都变化不小。

　　这本书的初版受惠于大量人士的投入，包括马库斯·阿斯克威思（Marcus Askwith）、利赛尔·鲍顿–福克斯（Liesel Boughton-Fox）、克里斯托弗·布鲁克（Christopher Brooke）、比尔·戴维斯（Bill Davies）、伊恩·哈特（Ian Hart）、戈登·约翰逊（Gordon Johnson）、伊丽莎白·利德海姆–格林（Elisabeth Leedham-Green）、罗杰·洛瓦特（Roger Lovatt）、罗宾·马修斯（Robin Matthews）、戴维·麦基特里克（David McKitterick）、西蒙·米顿（Simon Mitton）、杰里米·迈诺特（Jeremy Mynott）、哈里·波特（Harry Porter）、尼古拉斯·雷（Nicholas Ray）、杰弗里·斯凯尔西（Geoffrey Skelsey）、弗兰克·斯塔宾斯（Frank Stubbings）、萨拉·泰勒（Sarah Taylor）、马尔科姆·安德伍德（Malcolm Underwood）、罗宾·沃克（Robin Walker）、马丁·沃尔特斯（Martin Walters）、马克斯·沃尔特斯（Max Walters）和托尼·威尔逊（Tony Wilson）。上述人士

有些在这一新版本中再次提供帮助。我感谢他们，以及各个学院与大学其他部分的代表，他们核对了修改过的相关条目。我还要感谢马克·安德森（Marc Anderson）、罗布·贝多（Rob Beddow）、斯蒂芬·伯恩（Stephen Bourne）、苏珊·鲍林（Susan Bowring）、凯特·布雷特（Kate Brett）、安德鲁·布朗（Andrew Brown）、吉利恩·达迪（Gillian Dadd）、彼得·戴维森（Peter Davison）、理查德·费希尔（Richard Fisher）、彼得·福克斯（Peter Fox）、格雷格·海曼（Greg Hayman）、马克·赫恩（Mark Hurn）、阿拉斯泰尔·林恩（Alastair Lynn）、艾伦·麦克阿瑟（Alan McArthur）、卡罗琳·默里（Caroline Murray）、乔纳森·尼科尔斯（Jonathan Nicholls）、彼得·雷比（Peter Raby）、利兹·里夫（Liz Reeve）和斯蒂芬妮·特尔韦尔（Stephanie Thelwell），他们提供了评论和各种启发。特别提到的是哈特·麦克劳德有限公司的克里斯·麦克劳德（Chris McLeod），感谢他的版式、设计和项目管理工作。志村博的摄影加强了此书的视觉效果，与他一起工作十分愉快。除非另外说明和致谢，此书第二版中的所有照片都由他提供。

凯文·泰勒（Kevin Taylor）
剑桥大学出版社

剑桥大学的学院

名　　称	地　点	创建时间	图示位置
彼得学馆 Peterhouse	特兰平顿街 Trumpington Street	1284年	F11
克莱尔学院 Clare College	三一巷 Trinity Lane	1326年	E8
彭布罗克学院 Pembroke College	特兰平顿街 Trumpington Street	1347年	F10
冈维尔与基斯学院 Gonville and Caius College	三一街 Trinity Street	1348年	F7
三一堂 Trinity Hall	三一巷 Trinity Lane	1350年	E7
基督圣体学院 Corpus Christi College	特兰平顿街 Trumpington Street	1352年	F9
国王学院 King's College	国王道 King's Parade	1441年	F8
皇后学院 Queens' College	皇后巷 Queens' Lane	1448年	E10
圣凯瑟琳学院 St Catharine's College	特兰平顿街 Trumpington Street	1473年	F9
耶稣学院 Jesus College	耶稣巷 Jesus Lane	1496年	H5
基督学院 Christ's College	圣安德鲁街 St Andrew's Street	1505年	H7
圣约翰学院 St John's College	圣约翰街 St John's Street	1511年	F6

（续表）

名　称	地　点	创建时间	图示位置
茂德林学院 Magdalene College	茂德林街 Magdalene Street	1542年	E4
三一学院 Trinity College	三一街 Trinity Street	1546年	F6
伊曼纽尔学院 Emmanuel College	圣安德鲁街 St Andrew's Street	1584年	I9
西德尼·苏塞克斯学院 Sidney Sussex College	西德尼街 Sidney Street	1596年	G6
霍默顿学院 Homerton College	希尔斯路 Hills Road	1768年	I10东南
唐宁学院 Downing College	雷金特街 Regent Street	1800年	I10
格顿学院 Girton College	亨廷顿路 Huntingdon Road	1869年	A1以北
纽纳姆学院 Newnham College	西奇威克街 Sidgwick Avenue	1871年	B11
塞尔温学院 Selwyn College	格兰奇路 Grange Road	1882年	A11
休斯堂 Hughes Hall	莫蒂默路 Mortimer Road	1885年	I9以东
圣埃德蒙学院 St Edmund's College	悦山 Mount Pleasant	1896年	B2
默里与爱德华兹学院 Murray Edwards College	亨廷顿路 Huntingdon Road	1954年	B1
丘吉尔学院 Churchill College	斯托里路 Storey's Way	1960年	A3以西

（续表）

名　　称	地　　点	创建时间	图示位置
达尔文学院 Darwin College	西尔弗街 Silver Street	1964 年	D11
露西·卡文迪什学院 Lucy Cavendish College	玛格丽特夫人路 Lady Margaret Road	1965 年	C4
沃夫森学院 Wolfson College	巴顿路 Barton Road	1965 年	A13 以西
克莱尔堂 Clare Hall	赫舍尔路 Herschel Road	1966 年	A9 以西
菲茨威廉学院 Fitzwilliam College	亨廷顿路 Huntingdon Road	1966 年	A1
罗宾逊学院 Robinson College	格兰奇路 Grange Road	1977 年	A8 以西

注：
　　这里给出的创建时间是每个学院内部通常认可或加以庆祝的年份。实际上，有些学院创建于上述年份时采用的是不同的名字，或者不在它们现在所处的位置，而另一些学院则是同一地点较早机构的重建，还有一些学院在其诞生之后一段时间才被大学正式承认。这些细节在本书对单个学院的介绍中都有所说明。
　　这里以及全书中的图示位置对应的都是内封中的地图，标定的是相关场所的主要入口位置。

剑桥大学的博物馆

名　　称	地　　点	图示位置
菲茨威廉博物馆 Fitzwilliam Museum	特兰平顿街 Trumpington Street	G11
考古学与人类学博物馆 Museum of Archaeology and Anthropology	唐宁街 Downing Street	H9
塞奇威克地球科学博物馆 Sedgwick Museum of Earth Sciences	唐宁街 Downing Street	H9
惠普尔科学史博物馆 Whipple Museum of the History of Science	自由学校巷 Free School Lane	G9
动物学博物馆 Museum of Zoology	唐宁街 Downing Street	G9
古典考古学博物馆 Museum of Classical Archaeology	西奇威克街 Sidgwick Avenue	B11
斯科特极地研究所博物馆 Scott Polar Research Institute Museum	伦斯菲尔德路 Lensfield Road	I12
凯特尔庭 Kettle's Yard	城堡街 Castle Street	D4

目 录
CONTENTS

第五章　中心区之外的场所

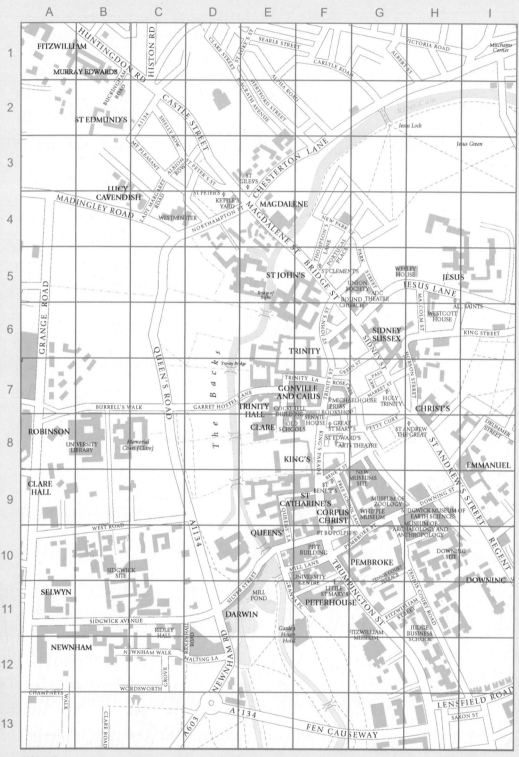

剑桥全貌

导　言

从圣马利亚大教堂钟楼俯瞰老学校和评议会堂

剑桥大学2009年庆祝建校800周年,其起源可以追溯到1209年。这800年在此地都表征出了什么?通过对大学、学院和城市景点的描述,将它们的历史与其现有外观和功能勾连起来,本书讲述了一所迷人机构的故事。

剑桥城本身的居民接近125 000人,其历史可以追溯到距今差不多两千年的罗马时期。那时,一个小军事堡垒伫立于如今的城堡山(Castle Hill)顶上,城堡山则位于剑河(River Cam)茂德林桥(Magdalene Bridge)的西北。处于可通海航行的河流网络的源头,而且向南只需60英里陆路即可达伦敦,地利之便使剑桥扩展为一个拥有若干教堂的贸易站点。与西南方向80英里之外的牛津一样,剑桥的位置、特性与其他因素一道吸引了一些宗教人士,以及追求知识的学者和教师,主要研究领域是神学、民法(即罗马法)、逻辑学。到1209年时,造就一所大学的条件都到位了。

800年之后,如今的剑桥是剑桥大学的家园。它拥有31个学院,为学生们提供食宿和小组教学,院系和研究所则研究和讲授特

从圣马利亚大教堂钟楼眺
望圣约翰学院

定的专业主题,还有行政管理和举办庆典仪式的楼宇。剑桥大学有一个图书馆、出版社、国际考试业务、植物园、商学院和8个博物馆,它还与4所神学院、大量教堂和一个大医院有紧密联系。大学共计有18 000名全日制学生,其中将近12 000名是本科生。海外留学生约5 000名,近三分之二是研究生,留学生来源最多的国家是美国和中国(各有700名左右),次之则是德国和加拿大。大学雇用的教研与辅助人员共计8 500名。

列队走出评议会堂

　　除了一些著名的例外,如评议会堂(Senate-House)、圣马利亚大教堂(Great St Mary's Church)、菲茨威廉博物馆(Fitzwilliam Museum),吸引游客到剑桥的那些建筑都属于学院所有。13世纪晚期学院就存在了,正是这个原因使剑桥(以及牛津)与其他不太古老、控制更为集中的大学有很大区别。学院与大学其他部分之间的关系是不同寻常的。学院是教育和学习的中心,同时也在大学中充当社交和住宿的单位。每名学生都属于一个学院,大多数学生由其所在学院提供食宿。但是,31所学院每一个都是自我管理的,在很大程度上经济独立,不依赖于集中的大学经费,而是依赖于特殊的资金、捐赠以及学生学费。一些古老学院靠的则是遗赠、捐助以及投资在很多世纪中的增值。学院是合法、独立的私营机构,而大学中的非学院部分形成一个独立的实体。这一私人与公共领域的内在依赖的组合,已经证明是剑桥体系的长处之一。各学院负责其本科生的录取和一般福利,在所有专业领域提供小组教学,还有学业督导(Director of Studies)来指导学生的学业。学院也有图书馆,是大学中其他图书馆的补充。

　　学院内教学增强了大学所提供的教育。所有学院的学生可以参加不由学院控制的课程或实验,这些活动是由非学院的大学通过以特定专业为单位、被称为院或系的机构来组织进行的。这样,通常在获得足够高水平的中学教育之后,一个十八九岁的学生在剑桥大学注册为一名本科生,学习某一特定专业(例如自然科学、数学、古典学、法学)。这个学生在剑桥的生活就以其学院(例如国王学院、伊曼纽尔学院、默里与爱德华兹学院、罗宾逊学院）为中心，不过会固定参加由其专业（例如病理系、工程系、古典学院、法学院）所决定的大学校区的活动。一个学生将通过大学所要求的考试而完成学位课程，从某个专业毕业，成为一名毕业生。

研究生（postgraduate）是指那些已经获得第一学位、还在攻读更高学位（例如博士学位）的人。他们由研究生培养委员会（Board of Graduate Studies）录取入学，其研究活动以大学的系为中心。对他们来说，学院——以多专业为特征——提供激发人心的社交和智识环境，对其研究活动提供支持。

剑桥大学的学年有三个学期，米迦勒节学期（Michaelmas term）从10月到12月，四旬斋学期（Lent term）从1月到3月，复活节学期（Easter term）从4月到6月。大多数情况下本科生的学习时程为三年（尽管有一些是4年），要参加一个学士学位考试（tripos），之后通常获得文学士学位（Bachelor of Arts，简称B.A.）。大约30个专业领域有学士学位考试，成绩用来帮助确定一个学生是获得一等、二等还是三等学位。目前，学士学位考试参加人数最多的专业是自然科学（本科生总数刚刚超过2 000名），接下来由多到少依次为医学、工程、数学、法学、现代和中世纪语言、英语和历史专业。经济学、兽医学、社会和政治科学、教育学和地理学也吸引了300多名学生。自1985年废除剑桥入学考试以来，录取与否如今通常由诸如普通教育高级考试（A levels）这样的国家高中考试和面试表现来决定。

1209年标志着剑桥大学的起源之年，学者们（据说是来自稍早建立的牛津大学的迁移者）为了研究学问而开始群聚于此。早期教学以神学科目为中心，教堂与大学的紧密联系存在了数百年。至少有4个延续至今的中世纪教堂曾在不同时期充当过学院内的礼拜堂。

以巴黎和牛津的体制为模型，学院系统起始于1284年建立的彼得学馆。到1400年时，现今学院中的7个已经以某种形式存在

了（包括三一学院，不过直到1546年它才具备了这个现代身份）。1800年，学院已增加到17个。19世纪大学本身快速扩展，部分原因是对科学在日新月异的世界中兴起的回应。大学在20世纪增加了14个学院——其中几个是新近得到认可的维多利亚时期的机构，而其他的则是新建的。这14个学院包括专为成年女性设立的露西·卡文迪什学院，5个主要为研究生和成年学生设立的"研究生学院"（克莱尔堂、达尔文学院、休斯堂、圣埃德蒙学院和沃夫森学院）。这样加起来就有31个学院，大小不一，从约1 100名学生的霍默顿学院到少于200名学生的露西·卡文迪什学院和克莱尔堂。

　　每个学院都有自己的气氛和传统。一些较随意，另一些则较正式。有几个学院保留了传统，诸如晚餐时要求穿学袍（gown）和念诵拉丁祈祷词，借助奖学金制度（system of Scholarships and Exhibitions）来提升好学生的境况，强调大多数学生住在学院主建筑中，以帮助他们获得紧密群体之成员的感觉。

　　只有27所学院在它们为人熟知的名称中有"学院"（College）一词。3所学院则保留了"堂"（Hall）这个名字，另外还有彼得学馆（Peterhouse）。学院的院长有不同的称号，从"Master"（最常见）到"President"（6个学院）、"Principal"（2个）、"Mistress"（1

个)、"Provost"（1个）、"Warden"（1个）都有。

城市中心的学院因为位于河畔而变得风景更美了，河流从南到北流经达尔文学院、皇后学院、国王学院、克莱尔学院、三一堂、三一学院、圣约翰学院和茂德林学院。这些学院背向河畔，就产生了"后岸"（Backs）这一名称，用来描述这绵延一千米的风光。这段河流名为剑河，不过在不同历史时期它被称为格兰塔（Granta），这个词现在指剑河的一个小支流，与格兰切斯特村（Grantchester village）的名字有关，沿着令人愉悦的草地小路向南走2.5英里就能到达这个村庄。

最早的学院中有两个已不复存在：迈克尔学馆（Michaelhouse，1324年）和国王堂（King's Hall，1337年），它们于1546年合并成为三一学院。实际上，1544年的一项议会法令赋予亨利八世解散学院的权利，就像他解散修道院一样，16世纪中期所有学院都面临这一风险。但是，亨利被说服以一种进步的观点来看待学院的功用，使其服务于自己。他所建立的三一学院与其他学院一起变成了培训场所，发挥更广泛的专业作用和为宫廷服务。这将大学带入早期现代阶段，为其现在的状态铺路搭桥，即一个世界各地的学生和学者在最高水平上学习、讲授和研究文理各专业的地方。

尽管剑桥大学如今只是英国80多所大学之一，但剑桥在学术表现方面仍旧享有盛誉，在政府的教研评估中持续位列首位或名列前茅，每年获得的公共资助也是最多的几所大学之一。这里的科学研究传统是最为悠久的，从19世纪开始科学家们就在新博物馆区（New Museums Site）、唐宁区（Downing Site）和网球场路（Tennis Court Road）的实验室中开始工作了。这一传统如今在这些地方以及剑桥西区（West Cambridge Site）和阿登布鲁克医院区（Addenbrooke's Hospital Site）等现代场所中兴盛发展。近年来，剑桥在软件工程、遗传学、纳米技术、干细胞研究和癌症研究等领域中成果斐然，成为领跑者。

现代剑桥大学男女同校的特点是相对较晚才发展起来的。即

使6所早期学院(克莱尔学院、彭布罗克学院、皇后学院、基督学院、圣约翰学院和西德尼·苏塞克斯学院)由女性创立,它们在数百年间都一直是男性机构,迟至1860年学院才开始允许它们的学院学者(fellow)结婚;最初的女子学院(格顿学院和纽纳姆学院)尽管建立于19世纪70年代,但它们直到大约75年后才被完全认可为大学的一部分。1881年女性首次获准参加剑桥的考试,1916年由于第一次世界大战形势所迫,女性才被允许参加医学考试。不过,她们不得不等到1948年才获得完全的学位认可,才有资格加入大学评议会(Senate)和理事会(Regent House)。为了庆祝此举,那年伊丽莎白王后(即后来的王太后)在评议会堂获颁荣誉学位。1960年大学中仍旧只有三所女子学院,1972年丘吉尔学院、克莱尔学院和国王学院首次招收女生,成为最早的男女同校的本科生学院。之后变化就很迅速了,如今只剩下三所学院(纽纳姆学院、默里与爱德华兹学院、露西·卡文迪什学院)的本科生由单一性别组成,均为女生所设。当前男女比例是52%∶48%(本科生男女比例为50%∶50%，研究生男女比例为55%∶45%）。

　　剑桥的学生服是世界上最复杂的系统之一，在不同的正式场合穿着不同的学袍和装饰兜帽，能确认毕业生的学位，在很多情况下也能表明学生所属的学院。另一项传统是五月晚会（May Balls），很多学院都精心组织整夜的娱乐活动，在夏季考试结束之后举行，如今通常是在六月。对传统的专用服装和象征物感兴趣的游客可不能错过"赖德与埃米斯"（Ryder & Amies），这是圣马利亚大教堂旁边国王道（King's Parade）上的大学装备店。它有学院徽章展览，学生可以买到其学院代表色的领带、围巾和运动服。大学体育俱乐部还用这里的橱窗为其活动做宣传和展示结果。在城市周边有大量属于学院的运动场，属于大学的运动场所则包括格雷沙姆路（Gresham Road）的芬纳馆（板球、网球和健身项目）、威尔伯福斯路（Wilberforce Road）的运动跑道、格兰奇路（Grange Road）的橄榄球和足球场地。剑桥大学率先为现代足球的前身运动制定规则，这些规则诞生于1848年。

　　出版社理事会（Press Syndicate）和考试委员会（Local Examinations Syndicate）是剑桥大学的重要组成部分，出版社

正式着装的学人（图片出自阿克曼的《剑桥大学史》，1815年出版，承蒙剑桥大学图书馆允准使用）

理事会负责大学的印刷和出版机构，即剑桥大学出版社（Cambridge University Press），一个拥有1 850名雇员的国际机构。考试委员会即剑桥测评（Cambridge Assessment），来自世界各地的学生都参加其组织的考试。大学有一位校长（Chancellor）：菲利普亲王1977年6月10日（其56岁生日当天）就任此职，2011年6月30日在90岁生日之后不久退休。2007年为纪念他任职30周年设立了一个教授职位：菲利普亲王生态学和演化生物学教席，是对25周年纪念时设立的菲利普亲王技术教席的补充。他的前任包括女王伊丽莎白一世的首相伯利勋爵（Lord Burghley），以及维多利亚女王的丈夫艾伯特（Albert）亲王，约翰·亨利·福利（John Henry Foley）为艾伯特制作的雕像现存于沃夫森学院。全职的副校长（Vice-Chancellor）是大学的行政管理首脑。

剑桥城现在还有第二所大学——盎格里亚拉斯金大学（Anglia Ruskin University），坐落在帕克草地（Parker's Piece）之外的东路（East Road）上。盎格里亚拉斯金大学的前身是盎格里亚技术大学（1992年建立），后者的前身是剑桥郡艺术与技术学院（1960年建立）。它最初的部分起源于1889年建立在东路之上的技术教育所。它1995年采用的现名来源于艺术评论家约翰·拉斯金（John Ruskin），他1858年在西德尼街（Sidney Street）上开设了一所艺术学校。28 000名学生主要就读于这个校园以及位于埃塞克斯（Essex）的切姆斯福德（Chelmsford）的校园之中。

从克莱尔旧庭到克莱尔桥的通道

本书自1994年首次出版以来，剑桥中心区已经发生了显著变化。机动车的通行范围由于交通拥堵而受到了限制，学院的商业气息有时候比过去浓厚了，学院建筑和场所越来越多地被用来吸引暑期学院、学术会议和其他商业活动。很多学院聘有全职的开发主任共同主持筹措款项的活动。学生贷款系统已经牢固建立，而学院和大学试图通过慷慨的奖学金来缓解学生的债务负担。大学自身致力于一项重要的筹款活动：在世界范围内的17万校友中开展"800周年运动"，计划到2012年筹款10亿英镑，2007年大学任命了首位投资主任来对款项进行管理。在过去十年中大学创造了250个教授新职位，在楼宇新建和重修上花费了6亿英镑。从剑桥城乘坐火车到伦敦距离很近，如今这里有大规模的住宅和商业开发，圣安德鲁街（St Andrew's Street）2008年新开的拱顶大商场（Grand Arcade）就是一个例子。

在过去的一二十年间，图书馆建筑的变化引人瞩目。剑桥的图书馆的确众多，最新的统计是113个。在一个似乎什么都要电子化的时代，大学仍旧应当致力于提供合适的实体空间，使人获取来自全球的信息以及恰当保存珍本和手稿，这具有非凡的意义。在城市中心，三一堂的杰伍德图书馆（Jerwood Library，1998年）、耶稣学院的五百周年纪念图书馆（Quincentenary Library，1996

年)、圣约翰学院图书馆 (1994年)、为冈维尔与基斯学院的藏品提供处所的科克雷尔楼 (Cockerell Building) 的内部重修 (1997年)，都是较新的亮点。离中心区稍远处，大学图书馆得到了很大扩建。西奇威克区 (Sidgwick Site) 新增了非常棒的几个院图书馆，包括诺曼·福斯特 (Norman Foster) 爵士设计的壮观的新法学院大楼中的图书馆 (1996年)。伦斯菲尔德路 (Lensfield Road) 上的化学系建了一个新图书馆。那些为图书馆提供新建筑、加以扩建或重修的学院包括基督圣体学院、格顿学院、露西·卡文迪什学院、默里与爱德华兹学院、纽纳姆学院、彭布罗克学院、彼得学馆和沃夫森学院。

　　20世纪80年代，软件、制药及其他高技术公司在剑桥快速增

从南面眺望剑桥中心区
(承蒙剑桥大学航拍图书
馆允准使用)

长，被称为"剑桥现象"。它这种完全整合学术—商业关系的模式已经成熟，剑桥西区著名的卡文迪什物理实验室旁的威廉·盖茨大楼（William Gates Building）和英国石油公司研究所（BP Institute）可以为此提供例证。微软、日立、英特尔和索尼在剑桥都没有研究中心，贾奇商学院（Judge Business School）在其所谓的"欧洲最具活力和最成功产业群"的核心地带为学生提供剑桥的工商管理学硕士学位。剑桥测评（考试）和剑桥大学出版社（出版）两者的年营业额合计接近3亿5千万英镑，是在网络教育上处于领先地位的全球企业。三一、圣约翰等学院20世纪80年代发展起来的科学与商业园在持续地蓬勃生长。

这个城市的导游书历史久远，《剑桥大学人文建筑之旅》可以加入其中。早期的例子包括：托马斯·萨蒙的《剑桥与牛津大学外国游客手册》（Thomas Salmon, *The Foreigner's Companion through the Universities of Cambridge and Oxford*, 1748）、《剑桥素描：剑桥大学城及其周边简述》（*Cantabrigia Depicta: A Concise and Accurate Description of the University and Town of Cambridge and its Environs*, 1763）。本书主要关注的是位于中心区的学院，但同时也描述了很多建于此处的非学院的重要机构，诸如图书馆、实验室和讲演厅。大学的8个博物馆也记述在内：所有的博物馆都向公众开放（尽管周末开放受限）。剑桥的非大学博物馆包括城堡街的民俗博物馆（Folk Museum），就在凯特尔庭（Kettle's Yard）南边，以及切德尔巷（Cheddars Lane）的技术博物馆（Museum of Technology）（沿河东北1.5英里）。

剑桥有些学院会依据规定向游客收费，或者通过其他方式限制进入，不过本书不准备列出门票费用和开放时间，因为实际情况会根据季节、学院、访问目的以及学院场地中的活动而频繁变化。三个主要的学院胜地是国王学院、三一学院和圣约翰学院，但是如果在夏日旺季这些地方对您来说太过拥挤或者昂贵，您会发现很多其他吸引人的地方可以参观，这些在本书中都有介绍。我们希望的是，无论一年中的什么时候，访客们都能充分、方便地游览大学，领略它的历史丰富性和美轮美奂，以及当下作为学问殿堂的重要性，留下终生难忘的记忆。

剑桥大学1573年受颁的盾形纹章（"红色，饰貂尾的十字架位于四头跃立狮子之中，十字架上是一本扣合的红色书籍，上有金饰"）

第一章

国王道与三一街

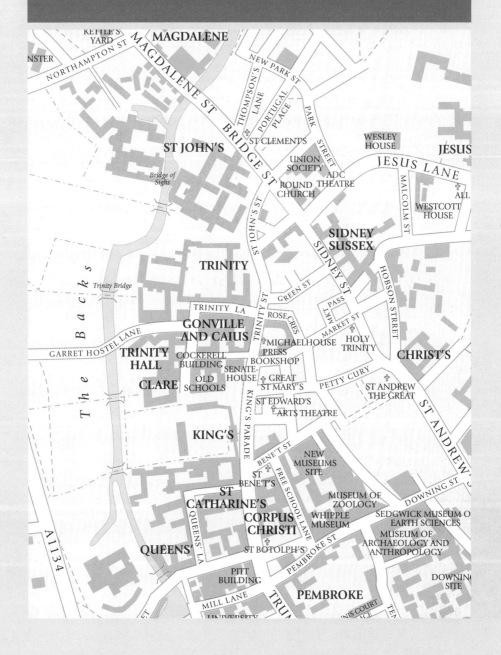

国王学院 (King's College)

　　剑河与剑桥的主要街道都是南北轴向的。由于大学逐渐占据河岸，城市的主要区域在岁月流逝中逐渐东移，一直到现在。对很多居民来说剑桥的商业集中区是格拉夫顿购物中心，而它几乎位于向东1英里之处。在中世纪晚期，国王亨利六世下令将城市的一条主动脉——米尔恩街 (Milne Street) 从中截断，为一个新的学院腾出河岸空间，这将成为当时所有学院中最庞大、最壮观的一个，很恰当地被命名为国王学院。被截断的米尔恩街仍旧向南北延伸，北向的是现在的三一巷 (Trinity Lane)，南向的是皇后巷 (Queens' Lane)，经过皇后学院通向西尔弗街 (Silver Street)。曾经的中世纪主街现在成了国王道，沿着国王学院的东边延伸。从这里游客们可以欣赏学院精美的19世纪哥特式大门和屏墙。尽管在31所学院中绝非最古老，国王学院仍一直是很多游客的游览重点。它创建于1441年，比温莎城堡附近的伊顿公学 (Eton College) 要晚一年，伊顿公学也是亨利六世创立的，与国王学院在建筑和教育方面有紧密的联系。

　　在中世纪，每个学院的重点都在于它的礼拜堂，亨利六世1446年亲自为国王学院礼拜堂奠基。沿着评议会堂过道 (Senate-House Passage) 和三一巷可到达学院的北门，游客通常进入北门、抵达礼拜堂。从北门看，这个中世纪晚期最精美的建筑实例之一蔚为壮观地耸立着。修建开始于礼拜堂的东端 (离国王道最近)，这样在工程进行中仍旧能够举办宗教仪式。建造过程时断时续，历经80年才完工，部分原因是皇家经费转向了战争用途。著名的玫瑰战争横扫英格兰，在争夺王位继承权的两大家族 (兰开斯特和约克) 之间进行。1485年在新国王亨利七世统领下开创了都铎王朝，在学院礼拜堂晚期修建的西端就雕刻了都铎式的宏大纹章装饰。在这里的建筑侧面，我们能看到窗户和门楣之上精美的都铎

国王学院礼拜堂西门上的都铎标志

国王学院礼拜堂内部，从高祭坛西望

石刻：王冠、格栅、玫瑰、灵缇、怪兽。墙壁石料的不同颜色（东边的白色约克郡石灰岩，西边的深色诺桑普顿郡石灰岩）见证了分隔开的建筑阶段。

　　进入礼拜堂内，高耸的窗侧圆柱给人一种巍峨壮丽之感，15、16世纪石匠的精湛工艺尽显无遗。墙壁上的雕刻主题和人物，石柱的优雅设计，头顶的繁复扇形拱顶（全世界规模最大），所有这一切都值得细细端详。拱顶离地24米，礼拜堂东西长达88米，宽为12米。在石质拱顶之上的空间（在拱顶与木料、铅皮覆盖的房顶之间）很高，足够一个人行走。在窗户上，我们看到的是面积最大、工艺最佳的16世纪彩绘玻璃系列，其制作受到佛兰芒艺术的启发。在上半部，它描绘的是《旧约》中的场景，下面的则对应于《新约》故事。除了圣经主题，很多细节（服装、城镇建筑、精美的都铎式海船）都忠实再现了文艺复兴早期的欧洲。在第二次世界大战中，这些无价的玻璃被一片一片地取下和储藏起来，尽管礼拜堂幸免于难。就像它在英格兰内战中未遭破坏一样，当时（1643年）克伦威尔最著名的毁坏者威廉·道辛（William Dowsing）造访了此地。祭坛之上，美轮美奂的东窗刻画了基督受难，而西窗（显示的是最后审判）则是1879年维多利亚时期的锦上添花。

唱诗男童从国王学院学校穿过国王桥走向礼拜堂

　　在礼拜堂中间的位置，一幅厚重的橡木屏风将中殿和高坛分开，其上刻有成套的姓名首字母，包括门楣之上缠绕在一起的"H"和"A"："H"代表亨利八世，"A"代表安妮·博林（Anne Boleyn）。这一雕刻可以精确地追溯到16世纪30年代早期，因为1533年亨利与安妮成婚，而1536年却命人砍了她的头。屏风上的其他雕刻（花朵、动物、小天使头）异常精美，几乎可以确定出自亨利八世从法国或意大利带来的欧洲大陆艺术家之手。屏风之上是巨大的管风琴，置于其17世纪的琴箱中，在礼拜、独奏会和音乐会中频频使用，包括平安夜举行的著名的"九篇读经与圣诞颂歌庆典"（Festival of Nine Lessons and Carols），这一盛况会向全世

界直播。国王学院的唱诗班具有国际水准，由14位成年男性圣咏者（choral scholars）和16名唱诗男童（boy choristers）组成，后者年龄在9岁到14岁之间，是从附属于学院的国王学院学校（King's College School）中遴选出来的。还有一个名为国王之音（King's Voices）的男女混合唱诗班，它成立于1997年，使女性有机会参与较高水平的圣咏活动。

穿过屏风包围的内部，我们就身处礼拜堂东端了，这部分是在都铎国王们来到之前就建好的，因而装饰风格更为朴实简约。只有那些精美的木质唱诗班席位是个例外，它们是亨利八世时代添加的（其华盖可以追溯到1633年）。同时请注意那些瑞典蜡烛，它们由特殊蜡质制成，以免烛烟熏黑了礼拜堂的石雕工艺。在席位前面立着一个15世纪晚期或16世纪早期的铜质音乐台，其顶端有一尊亨利六世的小雕像。

在国王学院礼拜堂的祭坛后方，是鲁本斯的绘画《贤士来朝》（*Adoration of the Magi*，1633~1634年）。它是由一位富有的捐助人以超高价格在拍卖会上购得之后赠予学院的，1968年被放置在这里，引来了一场关于放在这里是否合适的争论。最后，18个侧边小礼拜堂也值得仔细端详，它们有着扇形拱顶和珍贵的彩绘玻璃。穿过门走向中殿北部可以参观一个展览，请注意入口处那个坚固的橡木衣柜，制作于1480年左右，用来存放在礼拜堂中穿着的宗教仪式服装。

离开礼拜堂向西转，背向西大门（在婚礼和其他庆典时开放），可以望见精心维护的草坪之外的剑河，而河对岸未经建设的牧场仍旧可以牧牛，这使我们想起这个东盎格里亚商贸小镇距离乡村并不遥远。在右边，克莱尔学院旧庭（Old Court）建筑的石色丰满柔和，与国王学院的哥特风格形成对照。左边是庄严的吉布斯楼（Gibbs Building），于1724~1732年间建造，使用的是白色波特兰石。它的名称来自建筑师詹姆斯·吉布斯（James Gibbs），此君还设计了大学的评议会堂。走回前庭，学院创建者亨利六世的雕像位于喷水池建筑的顶部。吉布斯楼现在挡住了我们望向剑河的视野，它的中心拱门具有精美的三角楣饰，两侧则分别有8个三层古典式分隔，使人产生宽阔之印象。在东边延伸的是新哥特式屏墙，与国王道毗邻，南边则是餐厅排楼。威廉·威尔金斯（William Wilkins）于19世纪20年代设计的屏墙和餐厅楼模仿了礼拜堂的风格，但实际上这已是350多年之后的事了。绕前庭信步一周，沿小路走向剑河上的国王桥，再从后面欣赏一下礼拜堂，此举非常值得。

在1914~1918年战争中离世的诗人鲁珀特·布鲁克（Rupert Brooke），在国王学院一直居住到1909年。之后他移居到一派田园风光的格兰切斯特（Grantchester）：一个剑桥以南2.5英里之外的村庄。此地由于他的诗歌《格兰切斯特的牧师故宅》（*The Old Vicarage, Grantchester*）而成为不朽传奇。他的友人包括E.M.福斯特（E.M.Forster, 1879~1970年），后者1897年作为学生第一次踏入国王学院。福斯特的小说《最漫长的旅程》（*The Longest Journey*）和《莫里斯》（*Maurice*）取材于他自己的剑桥生活，并且他晚年又回到国王学院居住。经济学家约翰·梅纳德·凯恩斯（John Maynard Keynes）从1924年到1946年去世一直都是国王学院的学院学者以及财务官。其他学院学者包括计算机科学和人工智能的先驱阿兰·图灵 (Alan Turing)，以及更晚近的社会学家安东尼·吉登斯 (Anthony Giddens)，他提出了现代英国政治学中被称为"第三条道路"的理论。

尽管国王学院华美壮观，处于核心位置，它并不是最大的本科生学院之一，攻读第一学位的学生只有380名。国王学院享有一个无拘无束之地的名声，在这里，自由态度、不拘礼节、高学术水准结合在一起。它的200名研究生、110位学院学者和250名非学术职员扩充了学院的规模。

克莱尔学院 (Clare College) 地图E8

这是剑桥31个学院中第二古老的学院，1326年创立时叫大学堂 (University Hall)，1338年重建为克莱尔堂 (Clare Hall)。克莱尔学院最初面向中世纪的米尔恩街 (由于国王学院礼拜堂的修建而被切断了)，如今它的大门隐藏在三一巷的尽头，临近国王学院北门。老建筑在17世纪被慢慢拆除，为建造庭院腾出空间。这座庭院由本地建筑师托马斯·格伦博尔德 (Thomas Grumbold) 及其儿子罗伯特1638~1715年间修建，是剑桥大学最优雅和赏心悦目的庭院之一。国王学院背后的河岸提供了最佳角度来欣赏黄色石料的温暖色泽，庭院的南侧面是英格兰最频繁上镜的建筑结构之一。

学院内，旧庭的古典风格偶尔被哥特式结构打破，如大门的扇形拱顶，是此类设计在英格兰的最后应用之一，它在100多年前修建国王学院礼拜堂时曾被发挥到极致。玫瑰战争拖延了国王学院的修建，克莱尔学院的重建则被英格兰内战 (1642~1649年) 打断，其间奥利弗·克伦威尔 (Oliver Cromwell) 劫掠此处的建筑材料，以加固剑桥城堡。克莱尔礼拜堂位于庭院的东北角，1763~1769年间由詹姆斯·伯勒 (James Burrough) 设计、詹姆斯·埃塞克斯 (James Essex) 修建，前者是一名伟大的业余建筑师、基斯学院（Caius College）院长。礼拜堂有一个高高的木质屋顶小阁，透过的光线照亮了前厅，其风格华美、特别，从内部看尤其如此。

1856年克莱尔堂变成了克莱尔学院（1966年则单独建立了一个新的克莱尔堂，是一个研究生学院）。克莱尔这个名字出自伊丽莎白·德克莱尔夫人（Lady Elizabeth de Clare），她是爱德华一世的富有孙女，资助了1338年的修建。她出资的中世纪庭院的全部遗存仅剩下一块石板，刻有盾形图案，代表了学院徽章，如今放置于正对着主餐厅入口的小室门楣之上，走上北排楼中间的台阶即可到达。克莱尔夫人做了三次寡妇，其徽章的外缘饰有象征哀痛的眼泪图案。

克莱尔学院最令人愉悦的一道风景是横跨剑河的小桥，从庭院西边的通道可以抵达，不过最好的观赏点是南边的国王学院小桥或是北边的加勒特客舍桥（Garret Hostel Bridge），或者就从河中的平底小舟上观赏。托马斯·格伦博尔德1638年建起了这座桥，如今它是剑河上最古老的桥。对精美建筑有鉴赏眼光的美国小说家亨利·詹姆斯（Henry James）对它大加赞美，描述其栏杆的线条先是上升，而后在中部"缓缓地陷落"。

值得一游的是，沿着克莱尔道（1690年铺设）通过铁门（1714年竖立），穿过美丽的学院学者花园，内有一个用修剪好的紫杉树篱围拢三边的莲池（受到一个庞贝花园的启发而建），再穿过皇后路（Queen's Road）可以到达克莱尔纪念庭（Clare Memorial Court）和瑟基尔庭（Thirkill Court）区。此院区建于1923~1955年间，最终将学院从单一旧庭长时间的限制中释放出来。启动这一项目的建筑师是贾尔斯·吉尔伯特·斯科特（Giles Gilbert Scott），启动之后不久他就负责修建西边紧邻的新大学图书馆。那时的克莱尔学院发展迅速，20世纪50年代的新建筑主要是由学院成员、美国慈善家保罗·梅隆（Paul Mellon）资助的。克莱尔学院与国王学院、丘吉尔学院一道，最先成为男女学生同院住

宿的本科学院。当克莱尔学院1972年秋天向本科女生敞开大门的时候，此区为她们提供了住所。由于1986年新添的八边形福布斯·梅隆图书馆大楼，北面的纪念庭现在被分成了两个部分，即重新设计的纪念庭和阿什比庭（Ashby Court）。其作用之一是削弱大学图书馆对此院区的支配，看起来不那么具有压迫感。皇后路区的雕塑包括亨利·莫尔（Henry Moore）的"倒下的勇士"、查尔斯·詹克斯（Charles Jencks）的"DNA双螺旋"。

就像剑桥中心区的很多古老学院一样，克莱尔学院还有一个远离中心的院区。这被称为"聚居地"（The Colony），位于城堡

克莱尔学院邮寄自行车
（艾伦·麦克阿瑟摄影）

街和切斯特顿巷（Chesterton Lane）的交汇处附近，圣贾尔斯教堂（St Giles's Church）背后。克莱尔学院数百年来一直拥有这块土地，现在为学院半数以上的本科生提供住所。

克莱尔学院的前成员包括新教改革者休·拉蒂默（Hugh Latimer），1555年玛丽一世命人将其烧死在火刑柱上。另一位是尼古拉斯·费拉尔（Nicholas Ferrar），1625年他在小吉丁（Little Gidding）创立了英国圣公会社（是T.S.艾略特诗歌集《四个四重奏》的主题）。费拉尔热情支持在弗吉尼亚进行殖民扩张，克莱尔学院因而与新世界保持密切联系，整个18世纪都为显赫的美国家族的儿子们提供位置。坎特伯雷大主教罗恩·威廉斯（Rowan Williams）曾是克莱尔学院的负责人。博物学家戴维·阿滕伯勒（David Attenborough）在这里学习自然科学，而作家彼得·阿克罗伊德（Peter Ackroyd）研读英语专业。

克莱尔学院保持着院长任职时间最长的纪录：爱德华·阿特金森（Edward Atkinson）博士1856~1915年间担任院长，在院长宅邸居住长达59年，非比寻常。

三一堂（Trinity Hall） 地图E7

三一堂位于克莱尔学院正北，传统上以法律研习见长，而且以其厨房膳食品质美名远扬。它与三一学院区别很大，后者比它晚成立200年左右。但是三一学院的存在使它无法跟随19世纪的潮流，将名字从"堂"改为"学院"。在剑桥的老学院中，它是唯一仍被称作"堂"的。

诺威奇的主教威廉·贝特曼（William Bateman），在埃德蒙·冈维尔（Edmund Gonville）去世后的最初几年监管附近的冈维尔堂（Gonville Hall），而他于1350年决定创办自己的学院，专门研习法律。尽管这一重点在19世纪中期有所改变，三一堂仍旧保留了法律研习方面的声望，造就出了一系列优秀的法官、出庭律师和律师。其中最著名的（当然也是最有权威的）是史蒂芬·伽迪勒（Stephen Gardiner, 1497~1555年），他曾是三一堂院长，也是大学校长、温彻斯特主教、英格兰大法官、亨利八世和玛丽一世的首席顾问，他还被一些人称为英格兰的马基雅维里。三一堂后来的一位学院学者莱斯利·史蒂芬（Leslie Stephen）是《英国人物传记辞典》（*Dictionary of National Biography*）的编辑，他的女儿弗吉尼亚在剑桥遇到了她未来的丈夫——莱昂纳多·沃尔夫（Leonard Woolf）。弗吉尼亚·沃尔夫以其作品《雅各布的房间》（1922年）和《一间自己的房间》（1929年）轰动了整个城市和大学，后者取自她在剑桥的若干讲座。三一堂的当代校友包括作家J.B.普里斯特利（J.B.Priestley）、国家剧院导演尼古拉斯·海蒂纳（Nicholas Hytner）、广播电视主持人安德鲁·马尔（Andrew Marr）。

三一堂创始人主教威廉·贝特曼（图片出自阿克曼的《剑桥大学史》，1815年出版，承蒙剑桥大学图书馆允准使用）

　　在三一巷转弯处，靠近三一堂与克莱尔学院的交界，游客会注意到经过二层房间的排水管上设置着金属钉圈，这是防止学生们深夜在门厅关闭之后攀爬进入宿舍的措施。"夜攀"（night climbing）曾经是一项很受学生喜爱的活动（虽然是违规的），有人爬到国王学院礼拜堂顶上，在尖塔之间悬挂东西——包括一绳洗好的衣物以及"禁止核武"的横幅。有一次，一辆奥斯汀7型汽车在夜里被拖上了评议会堂的房顶。惠普勒斯奈斯（Whipplesnaith）的著作《剑桥夜攀者》（*The Night Climbers of Cambridge*，1937年出版，2007年重新发行），仍旧是对这一活动的经典描述。

　　三一堂的前庭（穿过门厅即是）在1350年学院奠基之后不久就建成了，不过在较晚近的时期用石料嵌饰了墙面，或者以其他方式进行了改造。14世纪建筑的可见证据仅限于两处，一是西北角二层露出来的两扇哥特式窗户，低于后期添加的建筑；二是穿过北墙通道看到的排楼外墙面，最初的黏土结构几乎表露无遗。这些元素显示出剑桥很多学院建筑所特有的层叠效果，后期的改造复建与早期建筑复合在一起。

　　一个安静的礼拜堂处于前庭的西南角，可能始于1352年。它是最早的学院礼拜堂，同时也是最小的之一。其前厅有两个窗户，用来纪念罗伯特·朗西（Robert Runcie）这位三一堂前任院长荣升为坎特伯雷大主教（1980年）。学院纹章醒目地展示在礼拜堂的漆彩屋顶以及内庭的三角楣饰和墙壁上，以饰领图案为特征，即一个围护喉部的新月形盔甲，经常与贝特曼主教的法冠图案配对出现。在礼拜堂内庭的北部，纹章出现在一个刻有数字的小牌之上。数字代表了学院的保险号码，在火灾时可以确认身份。这是从保险公司掌控消防队的年代流传下来的东西，每个公司都有自己的

三一堂的杰伍德图书馆，加勒特客舍桥附近

标志——这里显示的是太阳图案。

西边三角楣饰之下的拱门通向图书馆庭（Library Court），在那里我们可以看到剑桥中心区的悦目建筑景观之一：拥有"用链条拴住的"书籍的老图书馆（1580年左右），位于远端由红砖建成、有阶梯式山墙的伊丽莎白建筑之中，这一建筑与其新近的模仿物、悬在河上的杰伍德图书馆（Jerwood Library）结合在一起。坐在新图书馆中可以俯瞰加勒特客舍桥，而学院学者花园位于南墙那边。作家亨利·詹姆斯（Henry James）1883年写道："如果要我说出最美丽的世界一隅，我将深思、长叹，指向三一堂的花园。"不像大多数其他位于河畔的学院，三一堂以此为界，不拥有西边河岸的土地。

三一堂纹章：诺威奇主教辖区徽章与主教贝特曼徽章拼合在一起（D.A.托马斯摄影）

三一堂的扩展受限于其地理位置，不过这一小小处所规划得非常巧妙，现代扩建部分沿着加勒特客舍巷的边界延展，毫不张扬，终点是这个绝妙的新图书馆。1948年学院购置了威奇菲尔德（Wychfield），即亨廷顿路与斯托里路之间的较大区域，近年来已成为剑桥最大的学院新宿舍扩建区。

老学校（Old Schools）　　　　　　　　　　地图E8

老学校门楼，三一巷

在三一巷上，几乎正对着克莱尔学院入口，一座大门通向剑桥大学行政管理核心——老学校。这个地方也是大学历史上的中心，因为它包括了建于1350年左右、在1400年之前就用作教室的楼宇。这代表了最初的努力，使围绕剑桥兴起的所有学院、堂和会馆的学生和学者聚在一起，为他们提供共同教育的中心场所，这一努力延续至今。其门楼建于1441年，直到1829年都是国王学院的一部分，不过在最初的400年间它都没有完全落成，乔治·吉尔伯特·斯科特（George Gilbert Scott）1864~1867年间修复了下半部，重建了上半部。在剑桥有很多不属于任一特定学院而属于大学本身的场所，老学校区是首个这样的地方。

三一巷尽头,斯科特重修之前的中世纪门楼(如今是老学校的一部分),远处是国王学院礼拜堂(图片出自哈拉登的《剑桥大学图集》,1830年出版,承蒙剑桥大学图书馆允准使用)

冈维尔与基斯学院基斯庭的对面,正中的"荣誉门"可达评议会堂过道(图片出自哈拉登的《剑桥绘本:版画系列》,1809—1811年出版,承蒙剑桥大学图书馆允准使用)

　　走上附近的评议会堂过道,中途有一个台阶间隙,可以看到老学校18世纪拱廊建筑的正面(1754~1758年),1400年之前建成的教室石砾老墙的一部分位于其后,包括一个哥特式窗户。包含了神学院(Divinity School)原址的这排房屋,是早期公共大学幸存至今的最老建筑(尽管一些学院有年代更早的房子)。围绕老学校庭院的多个建筑如今设有办公室和礼堂,包括大学公共厅(University Combination Room)、秘书处(Secretariat)和校政会厅(Council Room)。这些地方都不对游客开放。

科克雷尔楼（Cockerell Building）　　　　　地图E7

　　一个大型建筑坐落在评议会堂过道的西南侧，耸立在老学校面前，其门楣上恰如其分地刻有BIBLIOTHECA（"图书馆"的拉丁文）一词。这就是科克雷尔楼（1837~1842年），维多利亚时期建筑师C.R.科克雷尔的作品，用来安置规模快速扩展的大学图书馆，后者从1438年开始就坐落于临近的老学校里。大部分的大学藏书1934年移到了剑桥西边的大学图书馆现址，宽敞的科克雷尔楼后来用作历史学院的图书馆，直到历史学院20世纪60年代搬到西奇威克区。再后来它又用作法学院的图书馆，一直到20世纪90年代。临近的冈维尔与基斯学院1441年起就使用图书馆收藏图书和手稿了，1992年它出资向大学租下了科克雷尔楼（租期350年），将其变成了学院图书馆中最宽敞和大气的一个，于1997年正式启用。

评议会堂（Senate-House）　　　　　　　地图F7

　　评议会堂是剑桥的庆典中心，在这里为学生和贵宾授予学位，在这里举行正式投票、做出影响大学生活的决定，在这里还进行重

毕业日，评议会堂草坪

要的公共讲演。在学年结束的五六月份，本科生们最先在这里看到他们的考试结果，公布在沿着南墙放置的专用牌子上。每个学院的学生穿着自己的学位袍列队行进，也是在这里接受剑桥大学毕业证书，大学副校长或其代理人用拉丁语做出正式宣告。

"评议会"(Senate) 一词是对所有剑桥大学文学硕士 (M.A.) 以上学位获得者的整体称呼。出于实用目的，由"理事会" (Regent House) 来代表评议会。与大学的法规、体制和行动相关的事项需要投票表决时，理事会成员就被邀请到评议会堂中。因此，评议会堂在象征和实际意义上，都是剑桥大学的轴心。在这里制定出重要的行政和学术决策，以适当方式正式、严肃地被采纳。

在某些方面，这座建筑本身甚至比国王学院礼拜堂更堪称是剑桥的建筑中心。在詹姆斯·伯勒的帮助下，詹姆斯·吉布斯于1722~1730年间修建了它，采用的是含蓄的巴洛克风格。比例协调的窗户、三角楣饰、栏杆、科林斯式壁柱和圆柱，从有中央花坛的整齐的草坪到1730年布设的黑色栅栏 (是英格兰最早架设的栅栏之一)，到处都展现出一派庄严气象。在建筑内部，一个前室通向宽敞的大厅，两边都有廊室。

吉布斯曾设计了一个由建筑物围拢的三边庭院，评议会堂是其中一部分。但是，就像科克雷尔后来想用维多利亚式建筑遮住老学校区、尼古拉斯·霍克斯莫尔 (Nicholas Hawksmoor) 早期想把剑桥中心改造为宏伟的古典广场一样，吉布斯的计划也没有实现。评议会堂后加的建筑仅限于史蒂芬·莱特 (Stephen Wright) 设计的老学校朝东的外墙，以及科克雷尔的大学图书馆。从国王道对面观看，这整个区域 (包括面前的栅栏和草坪)，是剑桥最富庄严气派的景观。置于底座上的花坛是大学1842年获赠的，它是沃里克花坛的青铜复制品，后者是公元2世纪的罗马花坛，现存于格拉斯哥伯勒尔博物馆。评议会堂屹立于北部，而莱特很搭调地使老学校外墙构成了西界，其上部的高窗、上楣和栏杆从五拱形开放地下室升腾起来。同时，在国王学院礼拜堂南草坪上的山毛榉大树之后，礼拜堂的哥特式宏伟外观耸现出来。

剑桥大学出版社书店
（Cambridge University Press Bookshop）　　地图F7

　　评议会堂对面的街角，坐落着英格兰最古老的书店，这里至少从1581年就开始出售图书了。早期的书店拥有者包括麦克米伦兄弟（亚力山大和丹尼尔），他们1845年在这里开了书店，后来搬到伦敦做出版商盈利颇丰。1992年以来这座建筑一直是世界最古老的印刷商和出版商——大学自己的出版社——剑桥大学出版社的书店和展厅。剑桥大学1534年从亨利八世那里获得了准许其印刷的皇家特许状，1584年出版社就开始在离这儿很近的地方印刷书籍了，也就是现在评议会堂草坪所在地。2009年出版社庆祝其连续运营425年，即使在所有国际教育或学术出版商中，它当前的出版量也是很大的。它的出版物范围广泛，从初级英语学习资料到最专业化的研究成果，在这里可以查到整个书目。出版社的学术书籍作者名单中，有52位诺贝尔奖得主。

剑桥大学出版社书店，评议会堂位于其后（照片部摄影）

　　这个书店，连同特兰平顿街（Trumpington Street）的皮特楼（Pitt Building），在剑桥中心区代表了出版社；不过如今出版和印刷业务以1.5英里以南的沙夫茨伯里路（Shaftesbury Road）为基地。同时，出版社在纽约、墨尔本、马德里、新加坡、开普敦、圣保罗、新德里和墨西哥城都有分支机构，在世界其他地方设有办公室和代表处，并且在持续扩展海外业务。剑桥大学出版社的出版物包括《日内瓦圣经》（1591年）、弥尔顿的《利西达斯》（*Lycidas*，1638年）、《公祷书》（*Book of Common Prayer*，1638年）、牛顿的《数学原理》（*Principia Mathematica*，第二版，1713年）、G.E.摩尔的《伦理学原理》（*Principia Ethica*，1903年）、《新英文圣经》（1961~1970年）。1877年出版理事会拒绝了一项出版请求，后来这本书就变成了《牛津英语辞典》，从而部分上成就了剑桥大学出版社的竞争对手的最终成功。

　　墙上的一个图表显示了出版社的历史，在二楼的墙上有一封加外框的信，是1947年1月18日艾伯特·爱因斯坦询问其版税的信件。

圣马利亚大教堂（大学教堂）
Great St Mary's (the University Church)　　地图F8

　　尽管被路对面国王学院礼拜堂的壮丽所遮蔽，圣马利亚大教堂仍是一座非常重要的晚期哥特式建筑。它于1478年开始修建，就位于剑桥正中心。在同一地点一个更早的教堂至少1205年就存在了，甚至更早，中世纪的老学校可能有意建在这一焦点附近。可以确定的是，1478年之前学者们就准备好在这里修建一所特殊的"大学教堂"。在250年后评议会堂落成之前，大学学位授予典礼都是在圣马利亚大教堂内举行的。学期中的周日晚上，来访的布道者仍旧在讲坛上向大学布道，这个讲坛可以沿着轨道移动。尽管是一个圣公会教区教堂，它同时也从大学接受特殊的经济资

圣马利亚大教堂：市场对
面；内部，西望大学管风琴

圣马利亚大教堂钟楼

助，用于日常运作和维护。

　　教堂钟楼1608年落成，登上123级螺旋台阶可以到达顶端，在那里能以最佳的角度饱览周围学院的胜景。从这座钟楼第一次传出"威斯敏斯特"钟乐，由于伦敦大本钟的演奏人们今天已经对这种钟乐耳熟能详。在澳大利亚悉尼和阿德莱德的市政厅可以听到这种钟乐，美国多所大学的钟楼也在演奏，英国广播节目报时前也会频繁播放。这种钟乐是三一堂的约瑟夫·周伊特 (Joseph Jowett) 博士1793年专门为圣马利亚大教堂编制的。数百年间，钟楼在晚上九点敲起宵禁钟，召唤学生回到各自学院，直到1939年才停止。

　　教堂高高的走廊弯拱和宽大的侧窗轻盈优雅，由屋顶（由亨利七世1505年以100根橡木的形式捐赠）和教堂长凳的深色木料加以平衡。走廊中的成排座位可以追溯到18世纪，那时的座位容纳能力增长到了1 700个，这一时期教堂被认为宽敞得足以在一端放得下消防车。在建筑史中，国王学院礼拜堂代表的是国家级的重大进展，而圣马利亚大教堂则体现了15世纪晚期东盎格里亚地区的教堂建筑传统。可以拿规模相似的其他区域性建筑杰作当背景来加以观赏，比如拉文海姆 (Lavenham) 和萨福隆沃尔登 (Saffron Walden) 的教堂。东盎格里亚地区的典型特点是在长凳末端装饰有罂粟花。

　　在教堂外面，钟楼西南扶壁上有一个圆形标志，是剑桥的官方中心点。1725年首次从那里用一系列里程碑来测定距离，据说这是罗马时代以来在英国首次这样做。这些里程碑中有很多仍旧存在于通向伦敦、亨廷顿和埃塞克斯的道路上。

　　2002年，教堂附近的长椅旁边建成了一个剑桥中心区的指路模型，名称用的是布莱叶盲文，它表明这一"评议会堂山"的位置。直到1767年，小商铺紧邻着圣马利亚大教堂的西墙，挤挤挨挨直到国王道。

冈维尔与基斯学院
(Gonville and Caius College)　　　　　地图F7

冈维尔与基斯学院（通常简称为Caius，与Keys发音一致）在学院的历史悠久性上位列第四。在剑桥和牛津的学院中，只有它是以两位创立者的姓氏命名的学院。它不仅身处地理中心，而且由于750人左右的学生群体以及丰裕的资源而位于大学生活的中心。

1348年（那一年英格兰爆发黑死病），诺福克的牧师埃德蒙·冈维尔（Edmund Gonville）建立了最初的冈维尔堂，为牧师在剑桥受训提供场所，资助主要筹自诺福克乡野教区的佃农——在随后200年间也一直作为经济来源支撑学院运行。冈维尔的目的是将那些在此受教育的人送回诺福克本地，作为牧师和学者服务一方。他于1351年离世，其学院工作由威廉·贝特曼主教接续，而这位主教于1350年创办了邻近的三一堂。

学院礼拜堂于1390年代竣工，经由树庭（由白面子树构成的林荫道可爱而独特，要知道剑桥学院内的庭院中通常是没有树木的）和基斯庭可以抵达。游客进入礼拜堂后，在右手边可看到院长及捐助人托马斯·里格（Thomas Legge）的跪拜雕像。拉开其下方的木质镶板，便可发现一块14世纪晚期的墙壁，隐藏在后世装潢之下。礼拜堂内值得关注的还有第二位创立者约翰·基斯（John Caius）的墓，它具有古典石柱和高耸的顶部。用金色天使装饰的天花板以及1981年安放的恢宏管风琴，也同样令人印象深刻。

礼拜堂外向右转就通向冈维尔庭，这里是1348年最初那个学院的中心。18世纪以石料装饰墙面，如今更饰以窗槛花箱和树篱，非常绚丽多姿。

约翰·基斯（John Keys）是一位曾在意大利研习的著名医生，他扩建和改造了冈维尔堂。沉迷于文艺复兴时期的人文主义

学问,他将自己的姓氏Keys拉丁化为Caius。由基斯医生提供资
助,新的冈维尔与基斯学院于1557年获颁玛丽一世的特许状。基
斯将一种新精神带入剑桥,他反对城堡式门楼和封闭庭院所代表
的中世纪特质(就像皇后学院和圣约翰学院那样)。他令人建造
基斯庭,这是一个意大利式的三边庭院,第四边开放以流通空气。
基斯还修筑了三座折衷古典风格的石门,分别代表"谦卑"、"美
德"和"荣誉",将三个词以拉丁文形式分别铭刻在各自门楣之上:
Humilitatis、Virtutis、Honoris。这项设计引导学生在毕业时从象征
意义上和实际意义上都由谦卑的入口("谦卑门"——如今是学
院门厅所在地,位于三一街上)进门,走上学院内的日常美德通道
("美德门"——位于树庭与基斯庭之间),最后抵达凯旋拱门加入
荣誉游行队伍("荣誉门"——在基斯庭开放的南边之上)。在美
德门能看到其建造时间——1567年。每年夏天,基斯学院的毕业
生们仍旧列队穿过荣誉门,走向临近的评议会堂领取学位。

其他著名的基斯学院毕业生包括威廉·哈维,他发现了血液
循环;泰特斯·奥茨 (Titus Oates),他策划了不光彩的天主教密
谋,要杀害国王查理二世;爱德华·威尔逊 (Edward Wilson),斯
科特船长不走运的南极探险的随行医生,他1912年在南极挥舞

学院旗帜而后在附近死去；生理学家查尔斯·谢林顿（Charles Sherrington）；詹姆斯·查德威克（James Chadwick），发现中子的核物理学家；政治哲学家迈克尔·奥克肖特（Michael Oakeshott）；弗朗西斯·克里克（Francis Crick），DNA结构的共同发现者；李约瑟（Joseph Needham），研究中国科学与文明的伟大历史学家；史蒂芬·霍金（Stephen Hawking），物理学家，畅销书《时间简史》的作者；J.H.普林（J.H.Prynne），卓越的当代英国诗人；政治人物肯尼思·克拉克（Kenneth Clarke）和阿拉斯泰尔·坎贝尔（Alastair Campbell）。从本科生数量来看，基斯是大学中第四大的学院，有接近550名本科生。

走出学院，站在评议会堂过道开端的鹅卵石上，在饰有基斯、冈维尔（下面）和贝特曼主教雕像的维多利亚式角塔之下，我们可以看到著名的"评议会堂跨越"，即位于角塔小窗和评议会堂屋顶边缘之间的一个约两米半宽的间隙。一个习俗（现在不这样了）曾经对基斯学院的本科生们提出挑战：跳过这一间隙而且——更困难地——再跳回来。

1860年，基斯学院在学院中率先废除了学院学者单身制。1979年它开始招收本科女生。近期的扩展包括租下评议会堂过道上的科克雷尔楼，用做学院图书馆，收藏900部中世纪手稿和众多早期印刷书籍，放置在为其定制的17世纪书架里。新扩展还有河对岸西路（West Road）之上的史蒂芬·霍金楼（2006年），在那里学院已经拥有了住宿区哈维庭（Harvey Court）和菲内拉（Finella）。2006年，史蒂芬·霍金由于科学研究方面的杰出成就赢得了科普利奖（Copley Medal），即皇家学会最悠久和最负盛名的奖项。霍金的身体状况由于退行性运动神经疾病而逐年衰弱，他是大学的卢卡斯数学讲席教授（牛顿曾经出任此职）。由于他的工作将重力和量子理论联系在一起，以及通过研究时空结构、黑洞和大爆炸而解决了一般相对论中的定性问题，因此闻名遐迩。

迈克尔学馆礼拜堂 (Michaelhouse Chapel)　　地图F7

位于三一街东侧的圣迈克尔，曾经既是学院礼拜堂也是教区教堂。它服务于两个学院：迈克尔学馆，1324年建立，1546年并入三一学院；冈维尔与基斯学院，即早期的冈维尔堂。其建筑（1324~1350年）属于装饰性哥特时期的风格，具有典型的网状窗饰。这所房子现在被称为迈克尔学馆礼拜堂或者迈克尔学馆中心，或者就叫迈克尔学馆，既用作礼拜场所，又是一个咖啡馆、艺术画廊和举办音乐演出的地方。其高坛包括一个"最后的晚餐"隔屏，是贾尔斯·吉尔伯特·斯科特的作品。穿过南边一扇门是一个安静的小礼拜堂，以赫维·德斯坦顿 (Hervey de Stanton) 命名，他是英格兰大法官、爱德华二世的财政大臣，以及迈克尔学馆的创办者。在教堂背后是圣迈克尔庭（1903年），属于冈维尔与基斯学院。

三一学院 (Trinity College)　　地图F6

三一学院是所有学院中规模最大和最富有的，要游览这座学院最好从三一街大门 (Great Gate) 外的鹅卵石路开始。一代代著名的思想家穿过这座门楼，三一学院校友录读起来就像是英国智识与文学史的名人录。三一学院的成员包括弗朗西斯·培根 (Francis Bacon)、伊萨克·牛顿 (Isaac Newton)，哲学家G.E.摩尔 (G.E.Moore)、伯特兰·罗素 (Bertrand Russell) 和路德维希·维特根斯坦 (Ludwig Wittgenstein)，历史学家托马斯·巴宾顿·麦考利 (Thomas Babington Macaulay) 及其侄孙乔治·麦考利·特里维廉 (George Macaulay Trevelyan)，人类学家J.G.弗雷泽 (J.G.Frazer)，物理学家詹姆斯·克拉克·麦克斯韦 (James Clerk Maxwell)，数学家A.N.怀特海 (A.N.Whitehead)、G.H.哈代 (G.H.Hardy)

和J.E.利特尔伍德(J.E.Littlewood),天体物理学家A.S.爱丁顿(A.S.Eddington),诗人乔治·赫伯特(George Herbert)、安德鲁·马弗尔(Andrew Marvell)、约翰·德莱顿(John Dryden)、拜伦伯爵(Lord Byron)、阿尔弗莱德·丁尼生(Alfred Tennyson)、A.E.豪斯曼(A.E.Housman)和汤姆·冈恩(Thom Gunn),作家威廉·萨克雷(William Thackeray)、A.A.米尔恩(A.A.Milne)和弗拉基米尔·纳博科夫(Vladimir Nabokov)。现代最著名的本科毕业生是查尔斯王子,他1967年入学,1970年毕业,获颁历史与考古学专业学位。他的祖父国王乔治六世和高曾祖父爱德华七世也在此学习。三一学院迄今已产生了31位诺贝尔奖得主,20世纪早期的获奖者有杰出的物理学家瑞利勋爵(Lord Rayleigh,1904年)、J.J.汤姆森(J.J.Thomson,1906年)、欧内斯特·卢瑟福(Ernest Rutherford,1908年)、威廉·布拉格(William Bragg,1915年)。19世纪20年代和30年代,三一学院助力催生了"剑桥使徒"(Cambridge Apostles)社团。这是一个研讨小组,对英国知识界很多领军人物的思想形成发挥了作用,包括著名的间谍盖·伯吉斯

三一大庭,其喷泉和大门

三一学院大门上纪念爱德
华三世与亨利八世（雕像）

（Guy Burgess）和安东尼·布朗特（Anthony Blunt）。印度首任总理贾瓦哈拉尔·尼赫鲁（Jawaharlal Nehru），曾在这里研读自然科学。

国王亨利八世1546年创立了三一学院，其塑像位于大门之上。国王左手握着金球，其上有个十字架，代表普世基督教，右手持王权节杖。不过节杖这个象征物被替换成了某种更世俗的东西：恶作剧的学生移去了节杖，一条椅子腿取而代之。在亨利下边，我们可以看到代表爱德华三世的皇家徽章，后者在这个地点创立了较早的一个学院——国王堂（King's Hall）。爱德华是英格兰国王，其间经历黑死病和百年战争，他还宣称对法国拥有主权，是首位将纹章底面四分、使用跃立狮子和法国王室纹章形象的英王，从而产生了现世为人熟知的徽章图案。其下排列的是他的6个儿子的盾形徽章，包括黑王子徽章（第一位威尔士亲王，徽章的白色羽毛和箴言如今仍旧为查尔斯王子所使用）和空白徽章（一个象征性的徽章，表示其拥有者——这里是年幼的哈特菲尔德伯爵——幼年夭亡）。

从1518年开始大门被用作国王堂的入口，其巨大和雄浑——这种风格通常专用于城堡或显要宅邸——表现出剑桥的学院在中世纪晚期享有的尊荣。1546年，亨利八世将国王堂以及此处的另一个老学院——迈克尔学馆——合并成为新的三一学院。大门旁边草地上竖立着一棵1954年种植的苹果树，它是伊萨克·牛顿家（林肯郡伍尔斯索普宅）花园中一棵苹果树的后代。人们用它来纪念那个据说启发牛顿提出万有引力定律的下落的苹果。这位伟大的科学家1679~1696年间居住在大门北边的房间里，在那里写作他的《数学原理》。

穿过大门，我们就进入了欧洲最大的封闭庭院。三一大庭周长370米，电影《火的战车》（Chariots of Fire）中的著名赛跑就发生在这里。礼拜堂边的钟楼在正午和午夜时分会敲24下钟，耗时45秒，运动员们勉力在敲完24下之前跑完环庭小路。1988年比赛在两位杰出的赛跑者塞巴斯蒂安·科（Sebastian Coe）和史蒂夫·克拉姆（Steve Cram）之间举行，他们几乎达到了奥林匹克跨栏运动员伯利勋爵（Lord Burghley）1927年首次记录下来的佳绩。

这个庭院包含了剑桥学院建筑的所有典型特征。大门上有面朝西的雕像，雕刻的是詹姆斯一世、其妻"丹麦的安妮"和儿子查尔斯，大门两侧是两排学生和学院学者居住的房屋。位于北边的礼拜堂，建造于女王玛丽一世治下的1555年，展露着哥特式窗户和尖塔。进入礼拜堂内，访客可以找到培根、牛顿、麦考利和丁尼生的雕像，其中牛顿雕像是鲁比里亚克（Roubiliac）的作品。从前厅向内凝视，可以看到华美的天花板、座位和祭坛后饰。礼拜堂旁边有另一座门楼，在剑桥是年代最为久远的（1427~1437年），最初是为国王堂而建；攀援植物覆盖的院长宅邸位于西侧。三一学院的院长不是由学院学者选举产生，而是由皇室指定的。作为一项政治任命，三一学院的院长职务可能会落到退休的公众人物身上，比如R.A.巴特勒（R.A.Butler），他是前任财政部部长，20世纪60年代在这座宅邸中居住。赴任的新院长要进入三一学院之前，

三一学院雷恩图书馆：内部；从后岸观赏

必须礼仪性地敲打大门。

庭院里有一个优雅的中央喷泉（1601~1615年间修建；1715年重修），水源来自一条1.5英里的地下水道，最初由方济各会修士建造于14世纪，为的是向其位于西德尼·苏塞克斯学院现址的修道院供水；在南边排楼还有一座门楼，其特色是女王伊丽莎白一世的雕像，她是学院创立者的女儿。院长宅邸南边伫立的是英王詹姆斯一世时期的餐厅楼（1604~1605年），其内有一个游吟诗人走廊、托臂梁屋顶，以及悬挂在高位餐桌上的亨利八世肖像。顶部的玻璃灯特别引人注目。一条通道将餐厅和厨房分隔开来，通道两侧的橡木屏壁满是带状饰板。一道名为"烤布蕾"（crème brûlée）的甜点尽管有个法国名字，据说却是在这些厨房中发明的。

餐厅楼西边是内维尔庭（Nevile's Court），其名取自托马斯·内维尔（Thomas Nevile）博士，他是1593~1615年间的三一学院院长，赞助开展了大型建筑项目。这个庭院有着罗马浴场的宽敞气派，柱廊高耸，建筑正面富有古典风格。诗人拜伦勋爵在三一学院时（1805~1807年）曾经住在这里，即北面二层的套房。

内维尔庭最初只是三边有建筑，1676~1695年间在西边添加了雷恩图书馆从而封闭了起来。图书馆的名字取自其设计者——伟大的建筑师克里斯托弗·雷恩（Christopher Wren）。它是雷恩在伦敦之外的最精美的建筑成就。古典人像雄踞图书馆顶，自左至右分别代表神学、法学、医学和数学，他们位于二楼一排托斯卡纳柱之上，建筑后部是带有格栅的开口，可以望见剑河。一进入图书馆内部马上就有一种宽敞之感，因为与您在外面的感觉相比，地板沉得较低而窗户开得较高——这是技巧绝妙的建筑师玩的视觉戏法。雷恩设计了书架，其特色是上佳的木刻，由格林林·吉本斯（Grinling Gibbons）完成。书室尽头是数尊大理石胸像，其中包括鲁比里亚克雕刻的牛顿（1751年）；值得一提的还有一个真人大小的拜伦雕像（1831年），是丹麦雕塑家伯蒂尔·托瓦尔德森（Bertil Thorwaldsen）的作品。图书馆富有珍宝，从8世纪的圣保罗《使徒书》到《小熊维尼阿噗》（*Winnie-the-Pooh*）的原稿。

在内维尔庭的东边，我们能看到雷恩坛（Wren's Tribune）——倚靠餐厅楼西侧建造的古典式讲台和台阶。穿过南拱门，能看到新庭（New Court），由威廉·威尔金斯设计于1821年。新庭的西门楼通向后岸，那里是图书馆的绝佳观赏处（阳光下的凯顿石呈现出桃红色），还有北面向圣约翰学院延伸的草坪，从三一桥可以抵达。

三一之旅最好调头结束于三一街上的大门处，对面的排楼是休厄尔庭（Whewell's Court），名字取自威廉·休厄尔（William Whewell）。他1841~1866年间担任三一学院院长，为剑桥引入自然科学科目提供了助益。尽管当前霍默顿学院规模稍大（如果把研究生统计在内），三一学院仍是本科生最多的学院（大约750人）。它在剑桥及别处拥有大量资产，运用其丰裕资源提供众多奖学金和项目经费，服务于高等教育，同时也惠及其他学院。

圣约翰学院（St John's College）　地图F6

从圣约翰街可以进入圣约翰学院，其门楼是剑桥门楼中最多姿多彩的一个，门楼的橘色砖块衬托着学院创始人玛格丽特·博福特夫人（亨利七世之母）的徽章。值得到街对面驻足细察徽章的雕刻，其彩漆尽可能精确反映原初的颜色。它刻画出两只超现实主义风格的神秘怪兽，有着长角的脑袋、羚羊的身体、大象或狮子的尾巴，护卫着皇家顶饰和冠冕。两侧是独特的吊闸，玛格丽特夫人以后的都铎王朝都以这样的吊闸为特征。这种奇特的四不象名为"野迷"（yales），也是北肯德尔统治权的象征，那里是玛格丽特的众多地产之一。它们站在鲜花原野之中，其中包括玛格丽特雏菊，与创始人的名字双关。门楼建造于学院1511年创立之时。玛格丽特留给剑桥的遗存还包括基督学院，其门楼显耀着几乎一模一样的徽章装饰。作为一位虔诚的女性，她推动了神学研习：她的

圣约翰学院新庭，草坪对面

20世纪30年代一位登上新庭顶端的学生"夜攀者"（图片出自惠普勒斯奈斯的《剑桥夜攀者》，1937年出版，2007年重新发行，承蒙奥利安德图书馆允准使用）

忏悔神父是罗切斯特主教约翰·费希尔（John Fisher），也是其遗嘱执行人之一。在玛格丽特1509年去世之后，他负责修建圣约翰学院。由于一个事件圣约翰赛艇队被禁划，因此它使用"玛格丽特夫人赛艇俱乐部"而不是圣约翰之名来参加划艇比赛。

中世纪早期此地有一家医院，名字取自福音书作者圣约翰，他被当作新建学院的守护者。在都铎盾章之上的顶篷壁龛里，竖立着圣约翰的塑像，他手持盛着毒药的高脚杯，从边缘伸出一个蛇头，据说他将毒药变成蛇。他和学院的标志是鹰，在他脚边站立。

经过大门，我们来到首庭（First Court）。它曾经是一个四边庭院，北边被老医院和学院礼拜堂封闭，两者的地基仍旧标记在草坪上。在三边保留有老建筑，但第四边在19世纪60年代被打开了，留出空间给一个庞大的维多利亚哥特式新教堂，由著名建筑师乔治·吉尔伯特·斯科特设计。其尖塔俯瞰的不是学院一隅，而是城市中心区的整个北端，从远处来看它是明显地标。环绕外墙的壁龛中竖立着真人大小的圣约翰学院著名的前任成员们，即约翰人（Johnians）。有两扇格窗的餐厅楼紧邻礼拜堂，离礼拜堂门廊最近的窗户是维多利亚时期添加的，模仿更南端窗户的都铎式风格。在这个中世纪宅邸中，格窗与高位餐桌排在一起，采光照亮了显贵人士就座的高台。这里的南窗标志着餐厅的原始边界，而北窗光线照亮了现在位于19世纪扩建部分尽头的高位餐桌。早年在此就餐的学生们可能因小错受罚而只能吃面包喝水，这种在学院里犯的小错包括说英文而不说他们正在学习的古典语言，或者头发留得过长。最初的学院章程列举的更严重罪行包括"偷窃、谋杀、乱伦、通奸、夜晚爬墙或开大门……如触犯则定开除"！

　　玛格丽特·博福特夫人雕像之下的拱门将餐厅与厨房分隔开，在首庭西南角走上现在名为"F"的楼梯，诗人威廉·华兹华斯（William Wordsworth）1787 年作为学生居住在圣约翰时在此发现了他的"幽僻之处"（nook obscure）：

> 就在楼下，学院厨房
> 嗡嗡作响，比蜜蜂的声音还难成曲调，
> 不过几乎与它们一样勤劳。
>
> （序曲，篇Ⅲ）

圣约翰学院门楼上的福音书作者圣约翰（马丁·沃尔特斯摄影）

二庭对面的圣约翰学院礼拜堂

　　另一位著名的与威廉·华兹华斯首字母相同的人士是废奴先锋威廉·威尔伯福斯（William Wilberforce），他及其高尚事业的同事托马斯·克拉克森（Thomas Clarkson）几乎是华兹华斯在圣约

翰的同时代人。圣约翰的托马斯·怀亚特（Thomas Wyatt）将十四行诗引入英语诗歌创作，他被怀疑与安妮·博林有染。威廉·塞西尔（William Cecil，首任伯利勋爵）及其子罗伯特（首任索尔兹伯里伯爵）也曾在此就读。占星家和秘术士约翰·迪伊（John Dee）1545年毕业于此，发现地磁现象的威廉·吉尔伯特（William Gilbert）毕业于1561年。更多最近的约翰人包括诺贝尔奖得主物理学家保罗·狄拉克（Paul Dirac，其奖章保存在图书馆）、化学家弗雷德·桑格（Fred Sanger），以及印度首位锡克教总理曼莫汉·辛格（Manmohan Singh）。

在礼拜堂内部，暗色的木制品、深色的彩绘玻璃以及东部的半圆拱顶带有浓重的19世纪教堂建筑的庄严风格。与国王学院礼拜堂的唱诗班一样享有国际声誉的礼拜堂唱诗班在这里演唱，其16位高音男童选自圣约翰学院学校（St John's College School），后者就是为此而建立的，位于剑河对岸。礼拜堂西北出口通向礼拜堂庭（Chapel Court），其中有20世纪90年代中期扩建的两个图书馆侧楼，与附近400年前修建的二庭（Second Court）的红砖排房相配。在礼拜堂庭和北庭（North Court）之间的拱门上，我们可以看到约翰·费希尔（John Fisher）的盾形徽章，由埃里克·吉尔（Eric Gill）设计雕刻，是"双关"的姓名标志，图案包括鱼（fish）和麦穗（ear of wheat）。

圣约翰学院的叹息桥

现在让我们进入二庭，北面的格窗之后是位于二楼的"长室"（Long Gallery）。在这间房子里，据说未来的国王英格兰的查尔斯一世与法国的亨丽埃塔·玛丽亚（Henrietta Maria）签订了婚约，第二次世界大战诺曼底登陆的部分计划也是在此制定的。之后您会看到施鲁斯伯里塔楼（Shrewsbury Tower，1598~1602年），上有一尊施鲁斯伯里女伯爵的雕像。她承担了二庭的部分修建费用，不过没有达到她所允诺的3 400英镑。穿过这座塔楼就走进了规模较小的三庭（Third Court，1669~1672年）。三庭院系共修建了150年，一直使用红砖和大鹅卵石，赋予圣约翰一种其他学院所缺乏的建筑一致性，同时也为学生提供了充足的生活空间。长期以来，圣约翰与三一学院竞争"最大学院"的头衔，在大学中以近600名本科生位列第二。

　　沿三庭的鹅卵石路左转，走上一座18世纪早期的厨房桥（Kitchen Bridge），一幅新远景就此打开：眼前是草坪以及剑河频繁上镜的叹息桥（Bridge of Sighs，1831年），其名称取自威尼斯更为著名的一座桥。维多利亚女王在日记中将其描述为大学中最"美丽如画"的景色。它代表了新的扩张精神，将圣约翰学院的古老部分与茂德林街以南、剑河西岸沼泽地上初次开发出来的部分连接在一起。直到19世纪20年代，剑河都为大学提供了自然的西部边界，将其与之外的草地分隔开来。但是，面对更多的住房要求，圣约翰学院迈出一步，跨过剑河，授权修建了宽阔的新哥特式的新庭（1825~1831年）。新庭楼房精致的中央屋顶小阁被称为婚礼蛋糕，覆盖着使人联想起帕多瓦或博洛尼亚古老大学街道的通道，为进一步向西扩展铺平了道路。在我们右边的古老砖块建筑浸入河水中，使人联想起布鲁日或威尼斯的风格，而左边一条路穿过新庭回廊，抵达1963~1967年修建的现代派克里普斯楼（Cripps Building）。从这座大型住宿综合楼的西北远端，可以走向所谓的毕达哥拉斯学校（School of Pythagoras）。它是一座12世纪晚期的两层石头建筑，有着诺曼底式拱门，与古希腊数学家毕达哥拉斯没有关系，不过据说是英格兰最古老的幸存建筑。这个诺曼底式的宽敞居所，如今用来举行戏剧表演、音乐会和其他活动。附近的木质默顿堂（Merton Hall）建于都铎时期，它与毕达哥拉斯学校都属于圣约翰学院。

　　信步回到圣约翰街，我们在圣约翰学院对面看到中世纪众圣教堂（Church of All Saints）的地址（教堂存续到1865年）。以前在附近有一个新哥特式、1878~1879年修建的塞尔温神学校（Selwyn Divinity School），由巴兹尔·钱普尼斯（Basil Champneys）用红色砖块加石头装饰建造而成。玛格丽特夫人神学讲席教授威

毕达哥拉斯学校，圣约翰学院

廉·塞尔温（William Selwyn）创立了这所神学校，并以其名字命名。他与G.A.塞尔温（G.A.Selwyn）是兄弟，塞尔温学院是以后者命名的。1400年左右建立的最初的神学校（现在是老学校的一部分）是大学的中心；后来的塞尔温神学校所处的中心位置表明神学及相关学科在剑桥的持续重要性。2000年，神学院迁到了西奇威克区一个特意修建的位置。随后，圣约翰正在开发这整个三角区域，以桥街（Bridge Street）、圣约翰街和众圣过道（All Saints Passage）为边界，用作学院住宿和商业目的。

圆形教堂（圣墓）
Round Church (Holy Sepulchre)　　　　　地图F6

　　对着圣约翰街的北端，我们可以看到英格兰仅存的11个早期圆形教堂中的一个（尽管记录在案的有23个），而且它是仍在使用的4个之一。此形状可追溯到首批基督徒产生的年代，他们

圆形教堂

围绕坟墓建造圆形结构,作为一种象征方式来保护和凸显内中之物。从诺曼欧洲跋涉到圣地的十字军骑士看到了耶路撒冷的基督圣墓教堂(Church of the Holy Sepulchre)的圆形建筑,他们返程之后就在本国延续了圆形教堂建筑传统。依据"修会教士"的一条小指令,剑桥的这个版本在1130年之后不久就建立起来,敬献给圣墓。在内部,圆形教堂保留着其原初的诺曼底式回廊的形式,8根圆柱和拱门形成一个相当紧凑的圆形,凸显着装饰性的雕刻,很多实际细节都来自19世纪的修缮。15世纪这座建筑被改造和向东扩建,添加了哥特式窗户、多边形屋顶阁楼、圣坛和北廊中保留下来的木质天使。不过,1841年安东尼·萨尔文(Anthony Salvin)再次对其进行相当大地改造和扩建,恢复了它的塔状屋顶和圆窗,还修了一座新钟楼,位于圆形主厅东北方之外。

联合协会 (Union Society)　　地图G5

剑桥联合协会早年在一家小旅馆后面的房子里召集开会,1866年搬到了一座特意修建的赤陶和红砖建筑物之中,这是建筑师艾尔弗雷德·沃特豪斯(Alfred Waterhouse)的典型风格,位于圆形教堂旁边小路的尽头。这个协会是大学的辩论俱乐部,崭露头角的政治家和其他公众人物在此检验他们的演讲技巧。协会有一位主席,举行辩论时坐在高台上,观察那些分置于地面层两边的讲演者们。由学生和其他会员组成的听众像英国议员一样投票,即穿过"赞同"或"反对"门来表明辩论哪一方说服了他们。协会主席包括威廉·休厄尔、约翰·梅纳德·凯恩斯、R.A.巴特勒、主教迈克尔·拉姆齐(Michael Ramsey)、诺尔曼·圣约翰·斯特瓦斯(Norman St John Stevas)。在学期当中的每星期,这里仍旧以传统方式举行正规的辩论。

从西面越过三一学院后庭
眺望剑桥中心区（承蒙剑桥
大学航拍图书馆允准使用）

第二章

圣爱德华过道至特兰平顿街

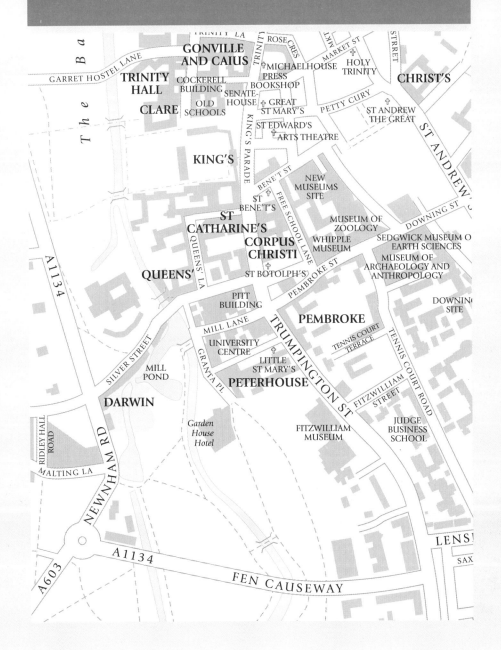

GONVILLE AND CAIUS

TRINITY LA

ROSE CRES

MARKET ST

STREET

GARRET HOSTEL LANE

The Ba

TRINITY HALL

COCKERELL BUILDING

SENATE-HOUSE

MICHAELHOUSE

PRESS

BOOKSHOP

HOLY TRINITY

CHRIST'S

CLARE

OLD SCHOOLS

GREAT ST MARY'S

PETTY CURY

ST ANDREW THE GREAT

ST EDWARD'S

ARTS THEATRE

KING'S PARADE

KING'S

ST ANDREW'S

BENE'T ST

NEW MUSEUMS SITE

ST BENE'T'S

FREE SCHOOL LANE

MUSEUM OF ZOOLOGY

DOWNING ST

ST CATHARINE'S

WHIPPLE MUSEUM

SEDGWICK MUSEUM OF EARTH SCIENCES

CORPUS CHRISTI

QUEENS' LA

MUSEUM OF ARCHAEOLOGY AND ANTHROPOLOGY

QUEENS'

ST BOTOLPH'S

PEMBROKE ST

PITT BUILDING

PEMBROKE

DOWNING SITE

A1134

MILL LANE

TRUMPINGTON ST

TENNIS COURT TERRACE

TENNIS COURT ROAD

SILVER STREET

UNIVERSITY CENTRE

GRANTA PL

LITTLE ST MARY'S

MILL POND

PETERHOUSE

DARWIN

FITZWILLIAM STREET

JUDGE BUSINESS SCHOOL

RIDLEY HALL ROAD

Garden House Hotel

FITZWILLIAM MUSEUM

NEWNHAM RD

MALTING LA

A603

A1134

FEN CAUSEWAY

LENS

SAX

圣爱德华教堂 (St Edward's Church)　　　地图F8

圣爱德华国王与殉道者教堂 (Church of St Edward King and Martyr) 占据了一个颇具吸引力的僻静广场,周围是古董书店,从集市广场 (Market Square) 附近的游客信息中心的西北边有一条小路可以抵达。教堂可以追溯到1400年,更早期的遗存包括1200年左右修建的下西钟楼。教堂有一个宽敞的圣坛耳堂,是1446年添加的,以容纳克莱尔堂和三一堂的礼拜者。这两个学院之前使用的都是圣约翰·扎卡里教堂 (Church of St John Zachary),但在亨利六世建造国王学院清理场地时给拆除了。1523~1525年间,包括休·拉蒂默 (Hugh Latimer) 在内的新教改革家在附近的白马酒馆 (White Horse Inn) 集会,酒馆位于特兰平顿街变为国王道之处。圣爱德华教堂中有一个折布装饰的讲坛,1510年建造,存留至今,他们就在这个讲坛上布道。由于马丁·路德 (Martin Luther) 对这些英格兰思想家的影响,这整个区域被称为"小德国"。

豌豆山和市场区 (Peas Hill and market area)　　　地图F8

附近的市场比它在中世纪的规模要小得多,那时圣爱德华教堂伫立于大片摊位的边缘,这些摊位一直伸展到东边的圣三一教堂和圣安德鲁教堂。街名反映出市场特定区域的原初功能,包括豌豆山这个名字。在豌豆山,如今我们可以发现市政厅 (Guildhall, 1936~1937年)——剑桥市议会之家。建筑正面俯瞰着市场,门楣之上是剑桥市的徽章。1575年此城被授予徽章,图案包括一座桥,桥下是三艘船,之上的顶饰是城堡式的桥,都由两只海马支撑。在惠勒街 (Wheeler Street) 拐角是游客信息中心,其礼品店以一个16世纪的砖块和黏土壁炉为特色,这个壁炉是从一栋老房子里挽救出来的。剑桥的步行导游线路从这里开始,老棉

剑桥市徽章 (克里斯·麦克劳德摄影)

花交易场（Corn Exchange, 1875 年）如今是一个很受欢迎的音乐演出场所。

市政厅街（Guildhall Street）上的费希尔馆（Fisher House）是大学天主教礼拜堂，它是 17、18 世纪的建筑物，之前是一个客栈，名字取自约翰·费希尔主教（1469~1535 年）。

本尼狄克街（Bene't Street）上的老鹰酒吧（The Eagle）至少从 17 世纪中期就叫这个名字了，或者是个相似的名字。在这里，1953 年 2 月 28 日詹姆斯·沃森（James Watson）和弗朗西斯·克里克宣布了他们关于 DNA 如何负载遗传信息的发现，这是现代分子化学的奠基之举。

惠特勒街和棉花交易场
（马克·安德森摄影）

艺术剧院（Arts Theatre）　　　　　　　地图 F8

1936 年一群戏剧钟爱者创办了剑桥的艺术剧院，其中包括大经济学家约翰·梅纳德·凯恩斯，他那时是国王学院的学院学者。剧院开幕之夜玛戈·芳廷（Margot Fonteyn）在这里表演舞蹈。"剑桥脚灯"（Cambridge Footlights）剧团是长年使用这家剧院的团体之一，它造就了一连串著名演员，包括乔纳森·米勒（Jonathan Miller）、彼得·库克（Peter Cook）、约翰·克利斯（John Cleese）、埃里克·艾德尔（Eric Idle）、克莱夫·詹姆斯（Clive James）、克莱夫·安德森（Clive Anderson）、斯蒂芬·弗赖伊（Stephen Fry）、埃玛·汤普森（Emma Thompson）、桑迪·托克斯威格（Sandi Toksvig）、戴维·巴迪尔（David Baddiel）和萨夏·巴伦·科恩（Sacha Baron Cohen）。1993~1996 年间，剧院经历了大规模重建。

圣本尼狄克教堂（St Bene't's Church）　　地图 F9

在大学存在之前，这座盎格鲁－萨克森教堂（敬献给圣本尼狄克教皇）就屹立于剑桥了，那时从这里到河边都还是湿地。粗糙的采伐石料建成的钟楼是剑桥郡最古老的建筑物，显露出 1066 年诺曼征服之前英格兰建筑者相对基本的建筑技艺。砾石块用灰浆堆叠在一起，被更简洁的隅石保护起来。这些隅石横竖交替，贯穿整个钟楼外墙，以避免潮湿雾气对外墙连接处的脆弱天使雕像产生损害。顶部的双孔结构是既低且窄的萨克森式窗，以避免削弱建筑的稳固性。

　　在教堂内部，历经复原的哥特式中殿在其西端保留了绝妙的萨克森式塔拱，沉重支柱之上是岁月磨损的兽雕（雕刻于 1000 年左右）。钟楼北墙上的牌匾纪念的是费边·斯特德曼（Fabian Stedman），他出生于 1633 年，在这座钟楼中完善了钟声变奏之艺。

　　圣本尼狄克教堂的牧师最初是为一个小型河运贸易城镇的居民服务的，13 世纪早期见证了首批学者聚集在其区域周围。随着学院系统的成长，学者们接管了教堂。1352 年新成立的基督圣体学院将圣本尼狄克教堂用作自己的礼拜堂，这个身份一直保留到 1579 年。

圣本尼狄克教堂，其钟楼是剑桥郡现存最古老的建筑物（克里斯·麦克劳德摄影）

基督圣体学院 (Corpus Christi College)　　地图F9

　　从特兰平顿街进入,这个规模倒数第二的中心区学院从历史来看是比较有趣的(最小的彼得学馆亦是如此)。基督圣体学院是1352年由两个市民行会创立的,尽管其中之一的领导者是兰开斯特公爵,它仍被认为是打破了中世纪由富有贵族、神职人员或王室官员创办学院的模式——它实际上是剑桥或牛津唯一由市镇力量建立起来的学院。学院的标志是一只拔自己胸前毛羽喂养其幼鸟的鹈鹕,代表了基督献身,在大门拱顶的盾形徽章以及学院各处的显要位置都可以看到这个标志。尽管与剑桥市民有密切联系,基督圣体学院仍旧成为"大学城居民—大学师生"(town-gown)冲突的早期牺牲者。1381年一群市镇暴民袭击了学院,烧毁了其特许状,抗议学院向他们征税来维持学院运行。

　　穿过和谐的新庭(1823~1827年,威廉·威尔金斯所建),我

基督圣体学院旧庭

新庭对面的基督圣体礼拜堂（马克·安德森摄影）

们看到右手边是一长排新哥特式图书馆建筑，其中保存着英国最重要的中世纪藏书和手稿。很多藏品是马修·帕克（Matthew Parker）留下的，他1544年起担任学院院长，作为伊丽莎白一世治下的坎特伯雷大主教尤其具有影响力。在赞同亨利八世教会改革的同时，帕克是一个具有很强尚古品位的人，他从被劫掠的修道院中抢救出了大量手稿和书籍；这里的帕克图书馆包括《坎特伯雷福音书》和《盎格鲁－萨克森编年史》的最佳文本。

正对着19世纪庭院的主要入口，一座礼拜堂居中而立；建筑师威尔金斯（其最著名的建筑是伦敦的国家美术馆）选择埋葬在这里。

从东北角的通道离开庭院，我们遇到的是一个更为古老的场景。基督圣体学院的旧庭实际上是剑桥或牛津现存最古老的住宿场所。关于14世纪中叶早期学院兴建风潮中的一个小学院的气象，它给出了一个很好的概念。围绕此庭的房子随后都得以扩建，增添了扶墙和天窗，不过基本材质（砾石加黏土饰面）、低窗装饰以及基本形状和大小，都维持了1352年之后不久的原样。远端墙壁上的牌匾用来纪念在此庭居住过的克里斯托弗·马洛（Christopher Marlowe）和约翰·弗莱彻（John Fletcher），他们是伊丽莎白时期的一流剧作家，与莎士比亚同时代。值得注意的是，在马洛和弗莱彻入住之前，这些房间已经有两百年历史了。

克里斯托弗·伊舍伍德（Christopher Isherwood）和爱德华·厄普沃德（Edward Upward）在此读本科时成了很好的朋友，两人分别是《告别柏林》（*Goodbye to Berlin*，1939年）和《边境之旅》（*Journey to the Border*，1938年）的作者。与马洛和弗莱彻的联合相比，这是在基督圣体学院出现的晚得多的文学上的联合。

旧庭西北角的通道一直到19世纪都是学院入口，它通向盎格鲁－萨克森的圣本尼狄克教堂，最初的基督圣体学院将其用作礼拜堂。15世纪后期建造了一条砖石走廊，以连接学院和教堂，基督圣体学院在很多年中都被非正式地称为本尼狄克学院。

圣凯瑟琳学院 (St Catharine's College) 地图F9

位于特兰平顿街、对着基督圣体学院的那个学院所纪念的圣人是谁，从学院前门上的金色凯瑟琳之轮就可以明了：圣凯瑟琳（学者们的守护圣人）在一个轮子上被处死。1473年圣凯瑟琳堂建于此处，由其北面的大邻居国王学院的院长出资。它于1860年改了名字，就像克莱尔1856年做的那样，从"堂"改为了"学院"，其名称拼写与牛津的圣凯瑟琳 (St Catherine) 学院相区别。学院的通俗叫法是"凯茨"(Cats)。

圣凯瑟琳学院主庭

与克莱尔学院一样，中世纪旧址在17世纪被清除了，为一个更壮阔的古典风格四方庭腾出位置，这是由格伦博尔德 (Grumbold) 石匠家族中的一员修建的，由于缺少资金只完成了三个边，留下清爽的开放格局。开放的这一边如今离街道有些距离，给人一种纵深感（与附近其他学院的哥特式正面构成对照），此边只被1779年建造的比例均衡的门柱、铁门和栏杆所分割。草坪北边的礼拜堂以克里斯托弗·雷恩在彭布罗克学院的作品为范型。礼拜堂中埋着医生约翰·阿登布鲁克 (John Addenbrooke) 的遗体，由礼拜堂前厅地板上的一块黑色石板来标记。他曾担任过圣凯瑟琳学院的财务官，1719年去世时留下财产创立剑桥医院，如今以其姓氏命名。

面向特兰平顿街，在圣凯瑟琳北门处有一个二层设围栏的学院建筑，曾是公牛客栈 (Bull Inn)，它是第二次世界大战期间美国军人很喜爱的一个旅馆。还有一个拱门，1570~1630年间大学"运送者"托马斯·霍布森 (Thomas Hobson) 在那里有一个马厩。霍布森的工作是租马给去伦敦的旅人——他们总想要最好、最快的马，结果这些马总被累坏。运送者就设计了一个严格的轮转系统，每匹回程的马都排到队尾，这样需要马的旅人得到的就是队列中的下一匹马。这被人们称为"霍布森的选择"(Hobson's

从特兰平顿街看圣凯瑟琳学院（克里斯·麦克劳德摄影）

choice），即没有任何选择，这个短语就是从这里进入英语而被使用的。如今在拱门之后、国王巷两边，是隐藏得很好的现代建筑（包括一个地下停车场），由圣凯瑟琳和国王学院共同支付费用，两者的地盘就由这条窄巷分隔。这是700年来连接两个剑桥学院的唯一建筑结构。

　　在较晚近的时候，圣凯瑟琳在剑桥西边投资兴建了一个令人印象深刻的新住宿区，叫圣查德（St Chad's），容许学院扩招，而且规划了更多的建筑。它的荣誉学院学者包括戏剧导演彼得·霍尔（Peter Hall，1950年）和演员伊恩·麦凯林（Ian McKellen，1958年）。

圣博托尔夫教堂 (St Botolph's Church)　　地图F9

　　圣博托尔夫是旅行者的守护圣人，在城镇入口经常可以看到敬献给他的教堂。"波士顿"（Boston）一词是"博托尔夫之镇"（Botolph's Town）的缩略，首次用于林肯郡的波士顿港，后来又被美国马萨诸塞州的波士顿采用。在中世纪剑桥的一个道路汇合点（接近现今西尔弗街和特兰平顿街交汇处），伫立着一座城门，容许伦敦方向的道路进入，附近就是这座教堂，它从1400年开始就没有什么变化，中殿和走廊可以追溯到1350年之前。圣博托尔夫教堂内部让人感兴趣的物件包括精美的八边形圣水盆盖，造于1637年，遗留下来那个年代主教威廉·劳德（William Laud）所鼓励的装饰风格。范戴克（van Dyck）为主教绘制的性格肖像画悬挂在菲茨威廉博物馆，沿着路走下去即到。

皮特楼（Pitt Building）　　　　　地图F10

皮特楼（照片部摄影）

与圣博托尔夫教堂对角的一个大型哥特式塔楼建筑实际上是皮特楼——剑桥大学出版社的总部，由于它在本科新生眼中与教堂建筑无甚差异，故被戏称为"新生教堂"。在二楼凸向街道的奥利厄尔厅（Oriel Room）中，出版社（我们已经看过其书店，位于三一街1号）召开大学出版社理事会的会议，对每年在此出版的约2 000种新书和期刊作出决定。1733年迄今，理事会以这种形式集合起来管理出版社业务。理事会由理查德·本特利（Richard Bentley）创立，他是伟大的古典学者、皇家神学教授、三一学院院长，在18世纪早期重构和扩大了出版社，成为大学的正式部分。

这座建筑（1831~1833年）因英国首相小威廉·皮特（William Pitt the Younger）而得名，印刷和出版工作人员被安置在这里，直到出版社1963年首先把印刷业务、1981年又把出版业务迁移到火车站附近宽敞的现代场所。现今占据这里的主要是可以租来开会和进行商务活动的设施（包括一楼的达尔文室和牛顿室）。大学的办公室占据了建筑的其他部分。

皇后学院（Queens' College）　　　　地图E10

1448年，紧邻着一座卡迈尔教派修道院创建了皇后学院，最好是通过皇后巷（从西尔弗街拐进来）抵达学院。这是先前的米尔恩街,是穿过中世纪剑桥的中心路线之一,可以想见精美的红砖门楼当时面向这条重要通衢的情景。学院名字指的是两位皇后,即亨利六世之妻安茹的玛格丽特 (Margaret of Anjou)、爱德华四世之妻伊丽莎白·伍德维尔 (Elizabeth Woodville)。学院名字中的复数形式如今使其与牛津大学的皇后学院 (Queen's College,单数形式) 相区分,后者因爱德华三世的妻子菲莉帕 (Philippa) 而得名。剑桥这所学院的起源要归功于安德鲁·多科特 (Andrew Dokett),他是附近圣博托尔夫教堂的教区牧师,获得了这些早期皇室资助者的支持。大门外侧面上有一块年代久远的拱顶石,被认为是多科特手持学院创立特许状的表征。

　　大门及其后的庭院 (15世纪40年代),是学院制剑桥大学首次在这样的规模上用砖块作建筑材料的代表之作,而且仍旧是英国中世纪红砖建筑的最好例证之一。这也是剑桥现存最完美的学院庭院概念的具现,这一概念部分源自修道院模式,厨房、厅堂、餐室、寓所、图书馆、礼拜堂 (现在是图书馆的一部分) 和大门一起

皇后学院的餐厅

幽庭，皇后学院

建成一个密集的四方形，风格私密和向内检视。红砖庭院设计后来为圣约翰学院采用（其创院之父约翰·费希尔曾是皇后学院院长），成为剑桥独具特色的壮美景观之一。

旧庭北面是一座较新的学院礼拜堂，由G.F.博德利（G.F.Bodley）设计，是维多利亚时代后期的教堂建筑典范之一，其中的祭坛三折画是无价之宝，由15世纪后期的一位佛兰芒艺术家绘制。

位于旧庭西侧的中世纪餐厅经过了后世扩建和装饰，令人瞩目的结构包括庄严的新古典式屏风（1732~1734年）、装饰后的天花板（1875年）、带饰架的壁炉，后者的特色在于由前拉斐尔画派艺术家设计、由威廉·莫里斯公司制作的花砖。通道中间遮住一扇窗户的屏风是可以打开的，以获得一个好视野。老餐厅用餐安排的现存记录表明，学生们的集中时间比如今要早得多，晚餐定在下午3点，一直到1831年都是如此。

从旧庭向西走，我们到达了剑桥最吸引人的小庭院——幽庭（Cloister Court）。这是原初建筑的扩展，并入了一个有屋顶的回廊。16世纪后期又添加了引人瞩目的都铎式房屋，上层带有廊室，为住在学院内的院长（在这里被称为President）及其客人提供更多的空间。它的木梁、灰泥和凸窗是对中世纪砖石回廊的补充，令人赏心悦目。回廊与房屋的对比使人瞬间在相对简单、共有的中世纪生活与都铎时代的家庭显赫气象之间穿越。学院首脑必须款待皇室或贵族——据说实际上阿拉贡的凯瑟琳（Catherine of Aragon）1519年就居住在皇后学院的后岸，1520年在此居住的是红衣主教沃尔西（Cardinal Wolsey），学院设施必须迎合上等阶层逐渐增长的对华丽风尚的喜好。

皇后学院最著名的居住者或许是德西迪里厄斯·伊拉斯谟（Desiderius Erasmus），他是人文主义学者、古典学家和神学家。他从家乡鹿特丹来到剑桥，依据口耳相传的历史，选择皇后学院作为他在剑桥停留4年（1510~1514年）的基地。据说伊拉斯谟在此准备他的希腊语版《新约》。在给朋友的一封信中，他记录下了对剑桥的印象：

> 由于疫病我不能出门……我被小偷困扰，而且葡萄酒不比醋强……我根本不喜欢这个地方的啤酒……

从西尔弗街跨越剑河之处，可以看到皇后学院的数学桥。最初它是1749年由詹姆斯·埃塞克斯建造的，目前这个版本（1904年）是建在此处的同一个设计方案的第三座了。我们最右边那个拐角的建筑也是埃塞克斯建的，它之外的一座小塔楼在西尔弗街转弯处俯瞰街道，据说伊拉斯谟就住在这里。从幽庭西侧一直延展到河边，有着中世纪的砖块结构和窗户壁凹（15世纪60年代）。左边是较晚近的红砖建筑——费希尔楼（Fisher Building，1935~1936年）。转过拐角，与其北侧毗邻的是一大片现代建筑，包括克里普斯庭（Cripps Court）和莱昂庭（Lyon Court）。在大学中，按照全日制学生数衡量（包括研究生），皇后学院是第四大的学院（亚于霍默顿学院、三一学院和圣约翰学院），有学生850多名。

数学桥

达尔文学院 (Darwin College)   地图D11

达尔文学院1965年获得大学学院资格,其建立是在1964年。它位于西尔弗街的西端,是首个专为研究生设计的现代剑桥学院。剑桥不像牛津,后者的众灵学院 (All Souls) 作为中世纪一所致力于更高等级教育的机构存留至今,而剑桥没有这样的机构延续下来。三所较古老的学院 (三一、圣约翰和基斯) 资助了达尔文学院的建立,部分原因是为了减轻它们自身不断增长的研究生负荷,以及为了回应剑桥缺乏研究生教育场所这一认识。在剑河后岸南端发现了一处风景如画的地方,达尔文家族 (著名博物学家查尔斯·达尔文的后裔) 不久之后腾出了那里的房屋,这个研究生新机构因之而得名。这是剑桥首个同时接受男女生的学院。这些维多利亚式房屋得以扩建,风格雅致,一侧是剑河边树荫遮蔽的小道,就位于磨坊池塘之上。

除了霍默顿学院之外,达尔文学院在大学学院中拥有最多的研究生(接近600人),来自50多个国家的留学生占了半数。

磨坊池塘和大学活动中心
(Mill Pond and University Centre) 　地图E11

洗衣女工巷(Laundress Lane)将西尔弗街连接到磨坊巷(Mill Lane),那里的磨坊池塘是平底小舟撑篙人喜爱的基地,从附近草地能够看到他们的奇特作为。在格兰塔广场(Granta Place)上,混凝土构架的大学活动中心(1964~1967年)为研究生、访问学者、大学的高级成员和大学职员提供餐饮和娱乐设施。从那里可以俯瞰剑河,它被亲热地称为"研究生之家"(Grad Pad),这反映出其起源于昔日的研究生俱乐部。

彭布罗克学院 (Pembroke College) 　地图F10

磨坊巷的另一端对着的是第三古老的学院,1347年由彭布罗克伯爵的遗孀玛丽·德瓦朗斯(Marie de Valence)创立,她是一位

彭布罗克街(马克·安德森摄影)

来自英格兰和法国皇族的富有夫人。就像她之前之后的其他贵族女性一样，她认为用其资财建立一个学习研究的学院是值得的，因而慷慨捐赠（最初名为彭布罗克堂）。彭布罗克学院学生的自行车都用字母"V"来识别，代表瓦朗斯。

彭布罗克是大诗人埃德蒙·斯宾塞（Edmund Spenser）所在的学院，他是《仙后》（*The Faerie Queene*）一诗的作者，1569年到此读书。诗人泰德·休斯（Ted Hughes）1951~1954年间在此读本科，戏剧演员彼得·库克则是在1957~1960年。澳大利亚作家和演员克莱夫·詹姆斯20世纪60年代在彭布罗克攻读英语，在其自传《六月中的五月周》（*May Week was in June*）中回顾了他的剑桥经历。学院表现出600多年中多种建筑风格的范例，保留了一种家居感觉，是那些更有条理、更美观的学院所缺乏的。它的礼拜堂是最知名的英格兰建筑师克里斯托弗·雷恩的事业起步之作。

在穿过彭布罗克街（Pembroke Street）与特兰平顿街汇合处的繁忙路口之前，值得驻足片刻，研究一下彭布罗克街南侧墙壁的不同部分，它们是1347年学院落成不久修建的。离路口一小段距离、沿着街道的浅色部分，显示出的应该就是黏土建筑在那些早年岁月中看起来的样子。离拐角最近的砖楼是老图书馆，它最初是一个礼拜堂，而且是首个特意修建的学院礼拜堂。

克里斯托弗·雷恩设计的彭布罗克学院礼拜堂西正面

彭布罗克学院图书馆

克里斯托弗·雷恩30多岁时开始从事建筑设计,那时他已经是牛津的天文学教授而事业有成了。他1663年设计的彭布罗克礼拜堂,于1665年教堂被用于祝圣,是他完成的首座建筑,而且也是剑桥首个古典风格的礼拜堂。它的石质西侧面俯瞰着特兰平顿街,以科林斯式壁柱为构架,最上面有一个六边形屋顶小阁。沿着旧庭内门厅右边的覆顶回廊,可以到达礼拜堂入口。1880年小乔治·吉尔伯特·斯科特向东扩建了这栋建筑。涂有石膏的华美天花板使其工作完美封顶,被东边斯科特设计的沉重但仍合时宜的大理石柱所平衡。

旧庭出来的一条通道穿过维多利亚式餐厅到达长春藤庭 (Ivy Court),其中有雷恩同时代的建筑风格 (他1691年将其子送至此学院读书)。此庭南边在二楼房间窗户之上有盾形纹章,诗人托马斯·格雷 (Thomas Gray) 从1756~1771年去世都住在这里;学院拥有他亲笔签名的"乡村教堂墓园的挽歌" (An Elegy in a Country Churchyard)。小威廉·皮特1773年不满15岁时来到这里读本科,也住在这些房间里,他在即将25岁时担任首相。

从长春藤庭的另一个拱门可以到达广阔的花园。前面的小路是里德利步道 (Ridley's Walk),为新教殉道士尼古拉斯·里德利 (Nicholas Ridley) 所钟爱。他曾是学院院长,当1555年殉道在即时他从监狱中向它告别,回忆说在附近果园中他用心学习了圣保罗使徒书和其他使徒书。左边是通向新庭的路,由小乔治·吉尔伯特·斯科特修建。右转走向此区的东南角,我们就到了女创立者庭 (Foundress Court)。这是埃里克·帕里 (Eric Parry) 设计的一座优美的现代建筑,包含学生宿舍和院长宅邸。

从这里您可以走回大道,两边是壮美的法国梧桐,一直通向图书馆,那里有独特的钟楼和外面的皮特雕像。这是艾尔弗雷德·沃特豪斯设计的4座建筑之一,是1870年代学院快速扩张时期的产物。

彭布罗克学院目前是一个中等规模的学院,学生总数约为650名。

圣马利亚小教堂 (Little St Mary's Church)　地图F10

这个教堂曾被称作圣彼得教堂,它将此名给了彼得学馆,教堂南边通过一个长廊与彼得学馆相连。尽管1352年教堂被重新祝圣、敬献给圣母马利亚,新的圣马利亚小教堂仍保留了与彼得学馆的联系,一直到1632年都是其学院礼拜堂。面向特兰平顿街的东窗,是盛饰式哥特时期的流畅窗饰的一个绝美之例,时间可以追溯到教堂重建时期(1340~1352年)。教堂内有一块牌匾,用来纪念之前的教区牧师戈弗雷·华盛顿(Godfrey Washington,1670~1729年)。他是美国首任总统的叔祖父,由星星、条纹和老鹰组成的家族徽章1736年刻在了这里,其图案1776年为美国国旗和纹章所采用。既往的牧师包括诗人理查德·克拉肖(Richard Crashaw,1638~1643年在这里)。

后面是优美的墓园,植物有点儿过于茂密。它毗邻彼得学馆的北墙,是中世纪的砖石结构。墓园旁边,就像博托尔夫巷(Botolph Lane)、葡萄牙广场(Portugal Place)及城市中心各处一样,圣马利亚小教堂巷(Little St Mary's Lane)两边也是漂亮的房屋正面,仍保持着原初的线条。

彼得学馆 (Peterhouse)　地图F11

作为最古老的学院,1984年彼得学馆庆祝其建立700周年。它也是剑桥中心区的学院中规模最小的,只有不到400名学生。

1274年默顿学院(Merton College)在牛津的建成提供了先例:一群住在一起的学者接受一套章程的管理,更团结一致地效力于学术。1280年伊利主教在剑桥的圣约翰医院区域建立了一座建筑物(圣约翰学院现址),1284年它搬到了自己的位置,靠近圣彼得教堂(现在叫作圣马利亚小教堂)。它用了"彼得"这个名字,

彼得学馆礼拜堂

与皇家特许状（1285年）一起，奠立了它与默顿学院类似的独立身份。由此建立的生活模式以宿舍、图书馆与餐厅的关键概念为中心，这一模式在7个多世纪之后还统治着剑桥（如今有31个学院）。

彼得学馆从未被称作彼得学馆学院（Peterhouse College），尽管18世纪和19世纪早期经常被称为圣彼得学院（St Peter's College）。它保留的13世纪原初建筑的痕迹在旧餐厅楼南门周围还可以看到，从旧餐厅楼及其南边厨房之间的过道可以抵达。这些历经后世大力装饰和扩展的石墙，是剑桥现存最早的学院建筑结构。从北面看旧餐厅楼更美，其后世的凸肚窗、墙面料石和屋顶小阁俯瞰着旧庭。尽管有改建，我们仍可以想像一座类似规模的餐厅楼，在剑桥此类建筑中是头一个，700年前为每日来此就餐的学人提供膳食，就像今天它的所作所为一样。

进入彼得学馆的小东庭，有三座重要的建筑：礼拜堂，几乎伸展到大街上；其北面的新古典式学院学者楼（Fellows' Building），或称伯勒楼（Burrough's Building）；在门厅那端与街道平齐的红砖帕内图书馆（Perne Library，1593~约1640年）。学院学者楼

（1738~1742年）是一座帕拉弟奥式的安详建筑，为高级成员提供住处，由詹姆斯·伯勒设计。诗人托马斯·格雷对火有偏执性的恐惧，他住在顶层，其窗外固定着一副金属托架（如今在北边仍旧能够看到），系有一条索带，在发生火灾时可以让自己下到地面。有次一位同住者大喊"着火了"来嘲弄格雷，使他很气恼，感到在彼得学馆缺少同情好友，他1756年搬到了街对面的彭布罗克学院。彼得学馆与彭布罗克学院之间的另一联系，是由物理学家开尔文勋爵（Lord Kelvin）和乔治·加布里埃尔·斯托克斯（George Gabriel Stokes）之间的友谊和相关事业所提供的。前者1841年进入彼得学馆，后来的绝对温标以他命名；后者在差不多的时间就读于彭布罗克学院，重要的热力学定律和荧光定律是以他命名的。

　　彼得学馆礼拜堂（1628~1632年）两端都有一个哥特式窗户、古典三角楣饰和涡旋装饰，反映出发起和完成礼拜堂的院长们的喜好，他们是马修·雷恩（Matthew Wren，克里斯托弗·雷恩的叔父）和约翰·科辛（John Cosin）。在风格平实、简朴的清教主义上升时期，雷恩和科辛支持颇有争议的"高教会"（high church）习俗，诸如焚香、向祭坛鞠躬、在十字架前燃烛。

　　在更晚近的年代里，彼得学馆在学院中是装设电灯的先行者，这是开尔文勋爵为1884年建院600周年纪念而安排的。彼得学馆后来的学院学者包括弗兰克·惠特尔（Frank Whittle）——喷气机引擎的发明者，以及马克斯·佩鲁茨（Max Perutz）、约翰·肯德鲁（John Kendrew）、阿伦·克卢格（Aaron Klug），他们都在分子生物学方面获得诺贝尔奖。彼得学馆是小说家金斯利·埃米斯（Kingsley Amis）之家，他1960年代早期在此教授英语；它也是政治家、电视人迈克尔·波蒂略（Michael Portillo）之家，他曾经是这里的一名本科生。彼得学馆1985年开始招收女生。尽管在一部广为人知的剑桥生活讽刺小说《波特学馆之蓝》（*Porterhouse Blue*，1974年）的题目中学院名字被改写了，但小说作者汤姆·夏普（Tom Sharpe）实际上曾是彭布罗克学院的本科生，而且他的讽

穿过彼得学馆门厅，走向院长宅邸

彼得学馆餐厅

刺作品并不是建立在任何一个特定学院基础上的。

　　离开门厅穿过街道，在墙壁和华美大门之后是一座优雅的三层联排别墅，建于1702年，淡红砖石色调温暖，是房屋建造者遗赠给彼得学馆的，用来为幸运的学院院长在任期间提供住处。近来的院长包括知名历史学家休·特雷弗－罗珀（Hugh Trevor-Roper），即戴克勋爵（Lord Dacre），他1980~1987年居住在此，造就了学院中杰出的历史研究传统的一部分，这一传统的代表人物还包括赫伯特·巴特菲尔德（Herbert Butterfield）、丹尼斯·布罗根（Denis Brogan）、戴维·诺尔斯（David Knowles）和莫里斯·考因（Maurice Cowling）。在南边的邻近建筑中，彼得学馆为第二次世界大战期间从伦敦后撤的伦敦政治经济学院提供了场所。

　　在彼得学馆外的马路边石处，游客们请小心不要踏进"霍布森水道"（Hobson's conduit）。这是沿路边开凿的一条沟渠，17世纪早期最初设计用来从山上向南部输送净水，是由大学运送者托马斯·霍布森赞助修建的。精美的喷水头1614~1856年间位于市场中心，现在则以霍布森纪念碑的形式坐落在特兰平顿街与伦斯菲尔德路交汇之处。

菲茨威廉博物馆 (Fitzwilliam Museum)　　　地图G11

　　菲茨威廉是剑桥大学的首要博物馆,收藏着具有国际重要性的绘画、古董和其他作品,使其成为艺术爱好者在东英格兰的首选访问场所之一。1848年博物馆开放,由大学和特殊的信托基金共同资助,而且它是一个公共博物馆。超过50万件藏品保存在5个馆藏部门:古迹、应用艺术、钱币和金属、手稿和印刷书籍、绘

创立者楼柱廊,菲茨威廉
博物馆

画。很多宝藏是经年捐赠的，博物馆名称取自第一位赞助人——梅里恩的菲茨威廉子爵七世（the Seventh Viscount Fitzwilliam of Merrion）。他的艺术藏品和藏书，以及用于建立存放场所的10万英镑，是1816年捐赠给大学的。另一位知名的早期支持者是作家和艺术评论家约翰·拉斯金，他1861年捐赠了J.M.W.特纳（J.M.W.Turner）的25幅水彩画。雄伟的新古典式创立者楼（Founder's Building）由乔治·巴塞维（George Basevi）设计，1837~1875年间修建，有着巨型柱廊和从街道上升的台阶，后世的添加包括1924年开放的马雷侧楼（Marlay Wing），随后是1931年的考陶尔德画廊。

在如今吸引世界各地的学者和游人的宝藏之中，有大量古希腊、罗马尤其是中世纪的钱币，有伦伯朗（Rembrandt）印刷品（是现存最重要的几个收藏地之一），还有威廉·布莱克（William Blake）的几件最好作品。绘画包括多明尼科·韦内齐亚诺（Domenico Veneziano）的《天使报喜》（*Annunciation*）、提坦的《丘比特为维纳斯加冕，和弹琵琶者》（*Venus Crowned by Cupid, with a lute player*）、丁托莱托（Tintoretto）的《牧羊人的敬慕》（*The Adoration of the Shepherds*）、委罗内塞（Veronese）的《赫耳墨斯、赫尔塞、亚格劳洛斯》（*Hermes, Herse and Aglauros*），以及鲁本斯（Rubens）、范戴克（van Dyck）、提埃波罗（Tiepolo）、卡纳莱托（Canaletto）、贺加斯（Hogarth）、庚斯博罗（Gainsborough）、斯塔布斯（Stubbs）、德拉克洛瓦（Delacroix）、塞尚（Cézanne）、莫奈（Monet）和雷诺阿（Renoir）的作品。此外还有陶器、雕刻、小肖像、手稿，以及古埃及、希腊、罗马和塞浦路斯的古董，还有扇子和东方艺术品。

可以在菲茨威廉博物馆观赏到很多一流展览，它们是对永久藏品的补充。在玻璃覆盖的庭院中有一个货品上好的商店和咖啡厅，2004年开业。博物馆还为所有年龄段人士提供范围广泛的项目和教育活动。

贾奇商学院（阿登布鲁克医院旧址）
Judge Business School (Old Addenbrooke's Hospital Site)

地图H11

　　菲茨威廉博物馆以南不远，屹立的是原初的阿登布鲁克医院，位于特兰平顿街东侧靠后的地方，如今被大学彻底重新开发。1740年用约翰·阿登布鲁克医生留下的资金修建，他曾属于圣凯

1870年的老阿登布鲁克医院。1931年和20世纪90年代中期两次改建，如今是贾奇商学院（下方的照片由马克·安德森摄影）

瑟琳学院。医院在此地一直存留到现代，而后搬迁到2英里以南的现址，在那里希尔斯路（Hills Road）通向剑桥市区之外。

旧址现在是贾奇商学院所在地，其前身是1990年建立的贾奇管理学院（Judge Institute of Management Studies）。它占据了整修之后的壮观的医院主楼，1996年由女王揭幕。作为大学的一个系，商学院因保罗·贾奇爵士（Sir Paul Judge）而得名。他是英国金融业的领军人物，其捐款促成了商学院的建立，向来自世界各地的商学专业学生授予工商管理学硕士学位（M.B.A.）。此处的前边部分现在也为贸易协会中心（Trade Union Centre）和残障资源中心（Disability Resource Centre）提供场所。

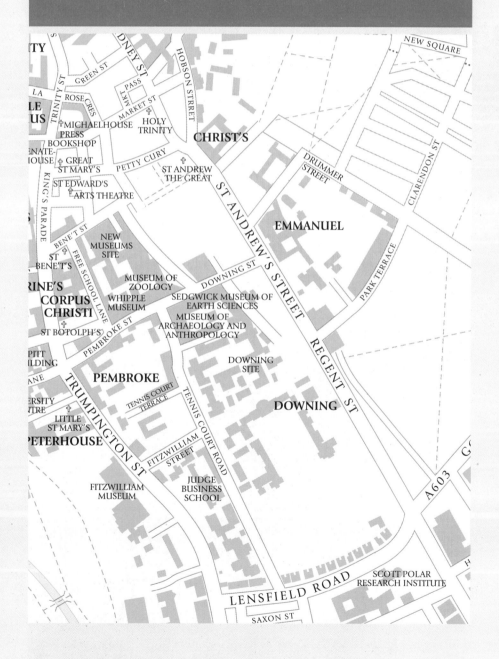

向南望自由学校巷（马克·安德森摄影）

基督圣体学院旧庭旁的本尼狄克街，从自由学校巷观看

自由学校巷和新博物馆区
(Free School Lane and New Museums Site)　地图F9

　　自由学校巷从本尼狄克街向南延伸，恰在老卡文迪什实验室（Old Cavendish Laboratory）前勾画出中世纪剑桥的精致样貌。在这里我们看到基督圣体学院旧庭的东侧，最初寄宿房间背面的老墙就坐落在街边。在这些窗户之后学生们已经连续居住了650年；在它们之上、屋顶之外，圣本尼狄克教堂（建于1000年左右）的钟楼历史更为久远。自由学校巷因帕斯学校（Perse School）而得名（如今位于希尔斯路），它于1618年建校，是基斯学院的斯蒂芬·帕斯（Stephen Perse）的遗赠。

老卡文迪什实验室由德文郡公爵七世威廉·卡文迪什（William Cavendish）创立，也因之而得名，我们身后的墙上有纪念他的牌匾。1874年，剑桥实验物理学的先驱实验室就在这些维多利亚式建筑中建立起来，接下来的100年见证了物理学与分子生物学领域的一系列重要事件。詹姆斯·克拉克·麦克斯韦是建立实验室的领导者，他1871年成为大学首位实验物理学教授。1897年J.J.汤姆森在这里发现了电子，1919年他最有名的学生欧内斯特·卢瑟福回到卡文迪什从事其原子结构研究，后来证明这对核物理学的发展至关重要。1932年詹姆斯·查德威克在此发现中子，而30年代的卡文迪什还见证了首次人工原子裂变。1953年弗朗西斯·克里克和詹姆斯·沃森写成了他们的著名论文，首次指出DNA双螺旋结构可能提供了遗传物质在细胞之间、世代之间复制的机制，由此导致了现代遗传工程的兴起。这些实验室的工作目前搬到了更大的处所，但是老卡文迪什实验室仍旧是一座丰碑，纪念这样的科学突破以及1904~1973年间不少于22位诺贝尔奖得主。

位于左侧的老卡文迪什实验室

　　在大学的上班时间，卡文迪什牌匾附近的拱门开放，通向新博物馆区的楼群，而直到19世纪40年代那里还是植物园。19世纪中叶见证了科学研究的飞速发展，剑桥大学是领跑者。剑桥教授威廉·休厄尔1833年创造了"科学家"（scientist）一词，在他领导下自然科学1851年获准成为大学课程的一部分。配王艾伯特1847~1861年间担任大学校长，其远见卓识加快了变革步伐。1850年的皇家委员会（Royal Commission）也是如此，它考察古代大学的功能，结果为剑桥制定了新章程。受到亚当·塞奇威克（Adam Sedgwick）这样的思想家工作的鼓舞，地质学和动物学等新学科开始出现。塞奇威克是地质学先驱，同时也为大学内的自由改革而斗争（例如废除只给英国圣公会教徒授学位的宗教"测试"）。他的学生查尔斯·达尔文（Charles Darwin）曾经是剑桥的本科生。1863~1914年，自由学校巷东边的土地逐渐填满了建筑物，为科学院系和实验室提供场所，如今这里仍旧是剑桥的科学中心。

蒙德楼上雕刻的鳄鱼,埃里克·吉尔的作品(克里斯·麦克劳德摄影)

在自由学校巷入口内部,蒙德楼(Mond Building)就在我们右边(1932年建立,2007年重修),现在容纳的是人文与社会科学学院(School of the Humanities & Social Sciences)和非洲研究中心(Centre of African Studies)。楼门右边曲面砖墙上雕刻着一只鳄鱼,是杰出的前苏联物理学家彼得·卡皮察(Peter Kapitza)授命其朋友英格兰雕刻家埃里克·吉尔(Eric Gill)制作的,指的是卡皮察给核物理学先驱欧内斯特·卢瑟福起的外号,因为:

　　鳄鱼在俄罗斯是家庭中父亲的象征,而且由于它有硬实的脖颈不能回头而被尊崇和敬仰。它就是张着大嘴直直前行——就像科学,就像卢瑟福。

这个区域不久前还容纳着大学的计算机实验室(现在搬到了剑桥西区)。附近是巴比奇讲堂,其名称源于查尔斯·巴比奇(Charles Babbage,1792~1871年),这位计算机科学先驱曾是这里的卢卡斯数学讲席教授。讲堂台阶基部墙上的牌匾纪念的是,1949年5月6日莫里斯·威尔金斯(Maurice Wilkes)用EDSAC

老卡文迪什的初级科学班(图片出自《卡文迪什实验室史:1871~1910》,1910年出版,承蒙剑桥大学图书馆允准使用)

（Electronic Delay Storage Automatic Computer）首次执行计算机演算。

回到街上，在自由学校巷末端，博托尔夫馆（Botolph House）有些不稳地斜向东方，这是国王渠（King's Ditch）存在的明证。它是围绕中世纪小镇的防御水道，可能挖掘于1066年之前。在这座建筑的地基之下它仍旧留存。

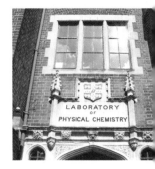

惠普尔博物馆入口，自由学校巷

惠普尔科学史博物馆
（Whipple Museum of the History of Science）　地图G9

在附近的自由学校巷上，带有之前的物理化学实验室标志的拱门之下，有入口通向惠普尔科学史博物馆，它位列英国此类博物馆前五位之一。罗伯特·斯图尔特·惠普尔（Robert Stuart Whipple）是剑桥科学仪器公司之前的主席，公司由查尔斯·达尔文之子贺拉斯创建。惠普尔1944年将其科学仪器私人收藏捐献给了大学，开创了一个档案馆，如今是科学史与科学哲学系的一部分。展出的主要是16~20世纪的藏品，包括早期数学仪器（诸如星盘和日晷）、航海和测量设备、电子测量仪器、天文望远镜、显微镜、分光镜和天平。一个维多利亚厅室和天文学特部设置在两层博物馆的上层。

动物学博物馆（Museum of Zoology）　地图G9

新博物馆区主门位于彭布罗克街东侧，正对着网球场路顶端。在此区内，大门对角方位是一个博物馆，1938年起成为大学动物系的一部分。其成员活跃于大学的教研工作中。博物馆藏有百万余件标本，不过展览空间仍很宽敞：对于展出的巨蜘蛛蟹、象海豹、革龟、巨树獭和大量鲸鱼来说这是必需的。展品还包括鸟类骨骼，如达尔文美洲鸵鸟（Darwin's Rhea），以及他在贝格尔航程中采集的鱼类。值得登上入口旁边的台阶，近距离观看占据平台的巨型长须鲸骨架。

剑桥标志，上有激励学生
汲取光明、智慧和知识之
源的拉丁箴言

唐宁区 (Downing Site)　　地图H10

　　唐宁街是彭布罗克街的东向延续。1896~1902年间唐宁学院将其部分土地卖给了大学，后者需要更多空间来容纳其课表中迅速增长的科学专业部分。现今从唐宁街或网球场路可以进入的唐宁区开发于1903~1939年，为主要的科学系科提供空间，专业包括解剖学、地球科学、实验心理学、遗传学、地理学、病理学、生理学和植物学。建筑亮点是麦克唐纳考古学研究所（McDonald Institute for Archaeological Research, 1994年）。此区的东南边界，是观赏唐宁学院礼拜堂罕见拱顶的最佳位置。

考古学与人类学博物馆
(Museum of Archaeology and Anthropology)　　地图H9

　　博物馆是游客们的主要兴趣所在，可以从考古学与人类学博物馆（在唐宁区入口右边）开始。它是考古学与人类学系的一部分，起源于19世纪80年代，在第一次世界大战期间搬迁到了现址。其馆员也在大学中从事教研工作。部分藏品聚焦于本地古迹，东盎格里亚地区的出土文物展出量很大。不过，这座布局良好的三层建筑还存有来自古今多种文化的物品，包括武器、工具、图腾柱、部落面具、陶器和墓葬遗存。馆内有新石器时代的弓箭、罗马－英国时期墓石和毛利族作战用的独木舟。

塞奇威克地球科学博物馆
(Sedgwick Museum of Earth Sciences)　　地图H9

　　唐宁区入口左边的台阶之上是一座以19世纪科学家亚当·塞

奇威克（1785~1873年）命名的博物馆，有世界一流的化石藏品之一，有恐龙骨架以及最古老的完整地质遗存，属于约翰·伍德沃德（John Woodward，1665~1728年）。这位收藏家还将其姓氏给了剑桥的伍德沃德地质学教席，塞奇威克19世纪享有这个教授席位，他开创了大学的地质教学，查尔斯·达尔文是他的学生。1859年达尔文寄给他的老教授一本《物种起源》，塞奇威克没有想到这将成为最有影响力的著作之一，他回复道：

> 您的著作我已阅读，痛苦大于愉悦。有些部分我非常钦佩，有些部分我笑得两肋发酸；其他部分我读来实在悲哀，因为我认为它们完全不实、严重有害。

亚当·塞奇威克（1785~1873年）肖像，狄更森1867年绘制（承蒙塞奇威克地球科学博物馆允准使用）

博物馆于1904年首次开放，2002年改建。如今它为所有年龄的游客提供一流的教育资源，其布局按照地质时间向前推行，从寒武纪一直到现代，通过岩石陈列品显示出地球及生命形式的演化。

唐宁学院（Downing College）　地图I10

　　唐宁学院建在15英亩土地上，它是中心区学院中最宽敞的，其辽阔的草坪从新古典式前庭延展开来。当从格局促狭、熙来攘往的雷金特街（Regent Street，圣安德鲁街的南向延伸）走进来，草地给人一种未曾预料的开阔感。学院创建于1800年，资金的提供符合乔治·唐宁爵士（Sir George Downing）遗嘱中的意愿，他的爷爷修建了唐宁街这一英国首相在伦敦的官邸。唐宁逝世于1749年，围绕其遗嘱起了法律纷争，其执行被阻止了50年。在一个很长的间歇期之后，唐宁学院开始修建，而继1596年西德尼·苏塞克斯学院之后剑桥都没有新建学院。

　　草坪三边上的建筑具有希腊古典风格，由威廉·威尔金斯发

起。他曾去希腊旅行,在19世纪早期新古典主义的复兴中发挥了作用。他在唐宁的工作开展于1807~1820年。四边形的北边最终于1953年随礼拜堂的修建而闭合上了。建筑工作在此持续,仍旧忠实于威尔金斯的风格。在西门和东门附近可以发现昆兰·特里(Quinlan Terry)的三座主要建筑,尝试在现代剑桥建筑中保持古典特性,令人印象深刻。在网球场路一边,有霍华德楼(Howard Building, 1987年)用作招待会、会议和娱乐中心,毗邻的霍华德庭(Howard Court, 1994年)是宿舍楼。而在雷金特街大门附近,图书馆楼(Library Building, 1993年)在对称结构前面采用了柱廊,顶上是一个八角结构,使人想起雅典的风塔(Tower of the Winds)。建筑中楣上雕刻的符号是由唐宁的学院学者选择的,代表图书馆中研习的科目,包括现代语言(巴别塔)、英语(月桂花环)、历史(沙漏)、天文学(射电望远镜)、生物学(DNA双螺旋)。整个建筑就像唐宁及剑桥的大多数建筑一样,是用昂贵的凯顿石修建的。

在庭院的西北角,沿着霍华德楼,呈现出一派唐宁小牧场的诱人风光。将草地南端衬托得更美丽的尖塔属于圣母与英国殉道者天主堂（Roman Catholic Church of Our Lady and the English Martyrs，1885~1890年），位于希尔斯路上。

颇有影响力的文学评论家F.R.利维斯（F.R.Leavis，1895~1978年）曾经就读于唐宁学院。

伊曼纽尔学院（Emmanuel College）　地图19

在圣安德鲁街正对唐宁街尽头之处，我们可以看到伊曼纽尔学院，其门厅之外的前庭（Front Court）展现出剑桥最美的风景之一。这些宽阔拱廊提供出有利的观赏位置，克里斯托弗·雷恩设计的礼拜堂（1666~1679年）的正面比例均衡地出现在草坪另一侧。带钟表的三角楣饰、屋顶小阁及圆顶从科林斯柱和壁柱上升起，这些柱子点缀着新月形帷幕和花环图案。装饰性雕刻的巴洛克效果被位于二层的一排简洁窗户所平衡，窗户之后是横跨整个庭院宽度的廊室，由下面的开放拱廊支撑。方形和圆形图案交相辉映，结

伊曼纽尔学院花园

克里斯托弗·雷恩设计的
伊曼纽尔学院礼拜堂

果是具有很好平衡感的组合。特定光线下凯顿石的淡玫瑰色进一步加强了这一效果,这些石料是雷恩从北安普敦郡购置的。这是雷恩在剑桥的第二项工程(在彭布罗克礼拜堂之后),在设计它的同年(1666年)他目睹了伦敦大火,从而决定全职做建筑师,而他之前已是一位著名科学家和牛津教授。

伊曼纽尔学院于1584年创立,其院址曾有一个多米尼加修道院,由于亨利八世的英格兰教会改革而被解散。从一开始伊曼纽尔就是一个严格的新教机构,有着清教倾向。作为训练加尔文教派牧师和传教士的场所,它在劳德主教(Archbishop Laud)17世纪30年代领导的保守主义反弹中面临压力。很多伊曼纽尔人士漂洋过海,到美国东海岸培育殖民地,那里他们可以按照自己的方式追求他们的宗教。首批英国清教徒之后到新英格兰定居的那一代有100名大学毕业生,其中30多位来自伊曼纽尔——约翰·哈佛(John Harvard)是其中之一,他在马萨诸塞的新城捐助了一个新教育机构,后来就以他的姓氏命名(通向礼拜堂前厅的过道中的牌匾和彩绘玻璃窗是用来纪念他的)。定居点的首位牧师是托马斯·谢泼德(Thomas Shepard),出于对这位剑桥伊曼纽尔学院造就的杰出人物的敬重，新城被重新命名为剑桥。礼拜堂窗户（1884年）中的人物用来表明教堂历史的延续不绝，以及学院成员在其中扮演的角色。

走过礼拜堂南边的前庭，游客到达了宽阔的学院花园，一个微型鸭塘使其更加美丽。它实际上是老修道院的鱼塘，其13世纪的界墙现在用砖覆盖着，在南边槌球和网球草地之外还能辨认出来。这里还有一座1910年的大型建筑，现在是学院图书馆。在您右边是17世纪30年代建起的红砖房屋，以满足学生人数的快速增长。鸭塘北面有一扇门通向学院学者花园，内中有些精美的树木：右边是树龄200年的东方梧桐；直接向前是一大棵紫叶欧洲山毛榉；它前面是女王为纪念学院成立400周年手植的橡树。花园还有一个隐藏在树丛之后的露天游泳池，这个地方至少从1690年就用来游泳了。一尊名为"丑角"（The Jester）的现代雕像由温迪·泰勒（Wendy Taylor）制作。

礼拜堂旁边，伊曼纽尔最好的建筑属于18世纪，包括前庭南边的威斯特摩兰楼（Westmorland Building），名字来自威斯特摩兰伯爵六世，他是学院创建者沃特·迈尔德梅（Walter Mildmay）的直系后代；还有用镶板优雅装饰的餐厅楼（原先是多米尼加教堂，后经詹姆斯·埃塞克斯改建而成），从西北角通过一扇门可以看到它。从一条过道越过餐厅楼，进入更靠里的一个庭院，在其远端有老图书馆，它保留着原初的橡木屏风。1996年用凯顿石修建了女王楼（Queen's Building），它是一个剧院，俯瞰着学院学者花园。

基督学院（Christ's College）　　地图H7

基督学院位于圣安德鲁街的门楼之上雕刻的纹章几乎与圣约翰学院的一模一样，提醒我们这两所学院是同时用玛格丽特·博福特夫人的捐款创立的（基督学院1505年，圣约翰学院1511年），

基督学院

有"打字机楼"的新庭

她的徽章被雕刻在这里。这位伟大的王族夫人（亨利七世之母）1509年去世，在这两个创院年份之间。基督学院由于是她亲自启动而获得殊荣：她甚至还在院长宅邸小住过。机敏的游客会注意到，拱门之上的壁龛塑像是玛格丽特夫人本人，而圣约翰学院的那个雕像是圣约翰。基督学院门楼之下的宽阔橡木门具有结实的折布式镶板，可追溯到16世纪的都铎时代晚期。与很多早期学院的东盎格里亚和英格兰南部取向相对比，基督学院按照规定应当有充分比例划给来自北方的学院学者和学生。

　　进入学院我们看到了首庭（First Court），四季都有鲜花装饰，即使冬天也多姿多彩。此庭的建造相当快（1505~1511年），是玛格丽特夫人创院之后的热情迸发而催生的。事实上，她的款项被用于翻新和替换相同地点上的一个境况不佳的学院——上帝学馆（God's House），后者1446年建于此处。庭院一致的建筑风格掩盖了它实际的修建历史：原初的都铎黏土和砖墙隐藏在18世纪的石面和窗户之后，而远端明显的都铎-哥特式餐厅楼大体上是19世纪的复制品——尽管建筑师小乔治·吉尔伯特·斯科特小心地尽可能重新使用老材料。餐厅楼左边紫藤覆盖的院长宅邸保留着一个都铎式凸肚窗，其下再次出现了博福特纹章，其雕刻都是原初所为。

　　从宅邸左边可以进入基督学院礼拜堂，在其北窗有上乘的中世纪彩绘玻璃。玛格丽特夫人肖像挂在西墙，一个不寻常的窗户

院长宅邸凸肚窗下的博福特纹章，基督学院首庭

在礼拜堂和院长宅邸间构成连接,最初是女创立者从她的祈祷室观看弥撒用的。用黄铜雄鹰装饰的读经台制作于15世纪晚期,据说当时在全国品相最佳。

穿过餐厅和厨房之间的过道,在二庭(Second Court)的远端坐落着学院学者楼(Fellows' Building,1640~1643年)。它是剑桥建筑的重要地标,开启了对古典元素的喜好,80年后这种喜好在评议会堂上达到顶峰。基督学院的这位建筑师的身份仍未确定,但是他交替使用三角楣饰和圆形楣饰,对其加以综合(主门或屋顶伸出的天窗都是例子),而且用爱奥尼亚式壁柱为建筑物的每个角加框。其精神使人联想起伊尼戈·琼斯(Inigo Jones)在伦敦的作品,不过对剑桥来说相当新颖。这座学院学者楼,与克莱尔学院的主庭一起,是克里斯托弗·雷恩在彭布罗克、伊曼纽尔和三一学院开展其工作之前最堂皇的17世纪学院建筑。

基督学院餐厅的弥尔顿画像(承蒙基督学院院长和学院学者允准使用)

穿过中央拱门可以看见美丽的学院学者花园,《失乐园》作者诗人约翰·弥尔顿(John Milton)在此获得灵感。弥尔顿(由于其年轻的外貌被称为基督学院的夫人)1625~1629年间是这里的本科生,1632年获得文学硕士学位。另一个著名的基督学院学生是《物种起源》的作者查尔斯·达尔文。他1827年来到这里,当时的住处如今有牌匾标志,挂在西德尼街上"布茨"店(Boots)外面。后来他写道,"在剑桥没有什么像收集甲虫那样带给我这么强的热望或这么多乐趣"。南非政治家简·斯马茨(Jan Smuts)将军20世纪初在基督学院学习,后来成为剑桥大学校长。作家和物理学家C.P.斯诺(C.P.Snow),其小说《院长们》(*The Masters*)描述了剑桥学院生活的内幕,他是这里的学院学者,直到1980年去世。

转过拐角向北走,我们进入了三庭(Third Court),其19世纪的排楼应和于学院学者楼的设计风格。再向里走,新庭(1966~1970年)的阶梯式分层使它被人昵称为"打字机楼"。基督学院是一个受欢迎的中等规模的学院,有400名本科生和100名研究生。

圣安德鲁大教堂 (St Andrew the Great Church) 　地图G8

　　这个位置很靠中心的教堂几乎对着基督学院的门楼,此地一个非常古老的教堂于1842年毁于大火,现有教堂是维多利亚时期修建的替代物。20世纪90年代中期它经历重修,现在为圣墓教区(圆形教堂)所用。这座建筑有一个牌匾,纪念的是詹姆斯·库克(James Cook)船长家族,他是南海探险者。

圣三一教堂 (Holy Trinity Church) 　地图G7

　　另一个位于中心区的教堂坐落在市场和西德尼街汇合点,它基本上是中世纪的产物,有些部分可追溯到12世纪,随后又历经

19世纪早期的圣三一教堂(图片出自阿克曼的《剑桥大学史》,1815年出版,承蒙剑桥大学图书馆允准使用)

多次扩建和装饰。圣三一教堂的纤细尖顶是1901年重建的，以代替之前那个尖顶，它长久以来俯瞰着城镇一隅。1782~1836年间，这里是赞美诗作者和传教士查尔斯·西米恩（Charles Simeon）的基地，他是1799年教堂传教士协会（Church Missionary Society）创立者之一。圣三一教堂如今仍保留着他所赋予的福音派特质。在圣坛之处，他被加以纪念。

第四章

西德尼街和耶稣巷到城堡山

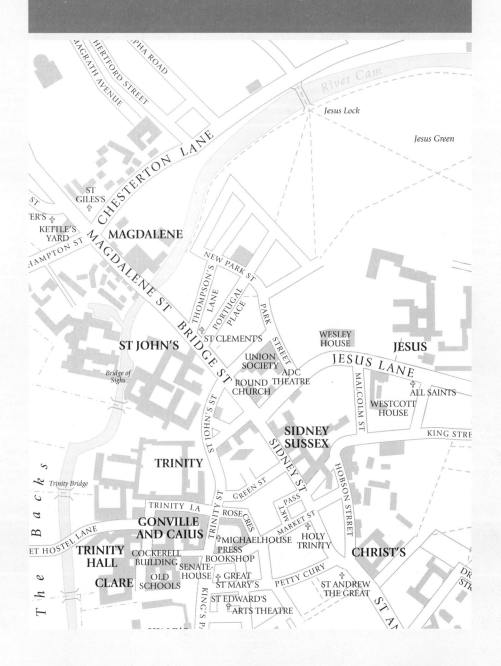

西德尼·苏塞克斯学院
(Sidney Sussex College)

　　在与耶稣巷交汇的西德尼街的外墙背后,这所学院隐约浮现,由于其美丽的花园以及奥利弗·克伦威尔(Oliver Cromwell)的头颅埋在这里而知名。一个19世纪的哥特式拱道经过门厅之后开放为左右两个庭院。像伊曼纽尔学院一样,西德尼·苏塞克斯学院(经常简称为西德尼)建造在一家修道院原址上。方济各会教徒曾在这里居住,后因亨利八世解散天主教修道院而被废弃。尽管没有可见的痕迹,铺有草坪的回廊庭(Cloister Court)的现址曾有

西德尼·苏塞克斯学院版画,戴维·洛根1690年作品

一座方济各会堂。穿过过道,在礼堂庭 (Hall Court) 的北边即是
回廊庭。这个布满绿植的庭院东边侧翼是壮丽的红砖和石料建筑
(1891 年),为新詹姆斯一世时期风格,有荷兰式山墙和凸窗。现
在的学院礼拜堂于1600年建造,1782年重修,1912~1923年再次
经历重修,它位于庭院之中,宿舍之右。它的内部是"爱德华式"
的,其特点是美丽的棕色橡木座椅和镶板、彩色的大理石地板、青
铜和大理石祭坛、装饰性的桶状穹顶。

西德尼于1596年创立,资助来自弗朗西丝·西德尼 (Frances
Sidney) 夫人1588年遗嘱中的捐赠,她是苏塞克斯女伯爵、伊
丽莎白时代诗人菲利普·西德尼 (Philip Sidney) 的伯母。其
早期建筑面向街道,19世纪20~30年代被杰弗里·怀亚特维里
(Jeffrey Wyatville) 爵士改建。他设计的山墙和石面颇有争议地
改变了此处的特点,如今仍在大多数方向上都支配着景观。年轻
的奥利弗·克伦威尔1616年进入西德尼,作为学院同员 (fellow
commoner) 在此学习了一年。他1643年回到剑桥,在英格兰内战
期间建立了一个圆颅党军营,而且认为其老学院院长同情保皇党
而将他投进了监狱!西德尼学院1960年接受了一个木匣,里面是
一颗经防腐处理、戳在金属杆上的头颅——克伦威尔本人的首级。
1661年他死后被斩首,首级保存下来,最终于300年之后被埋葬
在这里 (礼拜堂前厅处有一块牌匾,以资纪念)。

19世纪早期,西德尼学院在数学和科学上赢得了声誉,在大
学本身拥有化学和物理学实验室之前就建立了属于自己的这些
设施。它的花园标出方济各会堂的边界,向北和向东延伸超过了
主庭,从通向礼拜堂的覆顶通道可以看到花园。洛根 (Loggan)
1690年的作品显示出国王渠的线路,由一排枫树标注。从那时开
始,建筑物逐渐侵蚀此地——它们中最新的是1999年开放的芒楼
(Mong Building),不过此地保存良好、优美依然。

通过门厅离开学院,向南走上西德尼街,再左转拐入苏塞克
斯街 (Sussex Street),我们在前方看到的是学院自己的现代叹息

桥，它简单而美丽，于1991年建造，将学院两座建筑的上层连接起来。

耶稣学院（Jesus College）   地图H5

　　沿东北方向走几分钟，离开众多游客的热门线路，耶稣学院的古老庭院值得一游。它是首个接管中世纪古老小修道院院址的学院，接管的是圣拉黛贡德（St Radegund）女修道院。耶稣学院将学院制剑桥扩展到老城边缘，那里的土地通向剑河远端，学院因而保留了一种乡野气氛。1496年它敬献给"圣母马利亚、福音书作者圣约翰、荣贞女圣拉黛贡德"，不过很快就采用了另一个名字，与耶稣巷以及它所处的耶稣教区有联系。在剑桥和牛津的很多都铎式建筑中，耶稣学院是第一个。它的早期学生之一是14岁的孤儿托马斯·克兰麦（Thomas Cranmer），后来成为都铎时期大法官，以及《公祷书》的作者。

　　在耶稣巷上，经由被称为"烟囱"（Chimney，来自法语

耶稣学院首庭

"chemin"，即小巷）的有墙通道、穿过1500年左右修建的城堡形红砖门楼下的拱门，可以抵达学院。门楼以创始人阿尔科克主教的雕像为特色，其上是他的象征物——栖在球上的公鸡。耶稣学院是依据原初的女修道院建筑方案而建造的。它的亮点是小回廊庭，比剑桥的任何其他空间都更接近于中世纪宗教建筑物的气氛（尽管其效果因数次修复而有所弱化）。礼拜堂是原初女修道院的较小版本，修复过后很宏伟，由维多利亚时期的能工巧匠装饰。最初的12、13世纪礼拜堂是合并进剑桥学院的最古老的建筑结构。

穿过门楼和门厅即可到达首庭，它为剑桥很多学院场所都具有的混杂且和谐的特征提供了一个好例子。学院的基础是修道院，不过在随后世纪中历经重修和改建。在岁月流逝中，学院建筑师始终保有对此处审美潜力的敏感性。他们任西边一直开放（除了一座矮墙），并且维持着统一的建筑风格。草坪上的青铜马由现代雕塑家巴里·弗拉纳根（Barry Flanagan）制作。在学院里的临近位置还有爱德华多·包洛奇（Eduardo Paolozzi）及其他知名雕塑家的作品。

穿过东边的过道，可以抵达回廊庭。在这个私密庭院的远端残留着稍微低陷的拱门，通向修女们的牧师会堂。此处建筑每边都有窗户，其上显示着1230年左右的坚实树叶雕刻。右边紧邻的过道可以通向广阔的、开放的礼拜堂庭（Chapel Court）。

从回廊庭进入礼拜堂，中殿和左右两翼的窗户（1873~1877年）滤过的彩色光线减轻了内部的昏暗。这些窗户是前拉斐尔画派艺术家威廉·莫里斯（William Morris）、爱德华·伯恩-琼斯（Edward Burne-Jones）和福特·马多克斯·布朗（Ford Madox Brown）的作品，圣坛处也有这样的窗户（1849~1858年），为奥古斯塔斯·皮金（Augustus Pugin）所制。北翼的诺曼拱门走廊（1150~1175年）提示出原初结构的样子，而圣坛狭窄的尖柳叶刀形窗户采用的是早期英格兰的哥特式风格。这一风格属于13世纪的方案，皮金对其做了大量修改（他因为设计议会大厦而知名），

耶稣学院礼拜堂庭

"希望、信仰、慈善"：耶稣学院礼拜堂的玻璃（伊恩·哈特摄影）

他还重建了唱诗班席位。十字和中殿部分的屋顶绘画很吸引人，是威廉·莫里斯所绘。

从回廊庭西北角登上学院餐厅楼一游是很值得的，它最初是女修道院的食堂，屋顶使用的是西班牙栗木（建于1500年左右，19世纪修复）。

五百周年图书馆（Quincentenary Library）于1996年开放，以纪念学院成立500周年。附近的宿舍楼完工于2000年，两者在学院的东南区域创造出一个新庭院。耶稣学院还拥有一处非常精美的乔治王朝时期的联排住宅，被称为"小三一"（Little Trinity，约1725年），位于一个有围墙的小花园的尽头。耶稣巷与帕克街（Park Street）在那里汇合，研究生住在其中。学院容纳有近750名全职学生（包括研究生），使其成为大学中的第五大学院。它每年招收约150名本科生。

除了克兰麦，其他著名的耶稣学院学生包括劳伦斯·斯特恩（Laurence Sterne）、塞缪尔·泰勒·柯尔律治（Samuel Taylor Coleridge）、阿利斯泰尔·库克（Alistair Cooke）、雅各布·布朗诺斯基（Jacob Bronowski）和戴维·黑尔（David Hare），还有爱德华王子，他1983~1986年间在此攻读历史学。亚瑟·马绍尔（Arthur Marshall）爵士20世纪20年代初是耶稣学院本科生，由于其在航空工业中的先驱工作以及与剑桥机场的联系而在本地广为人知。他2007年去世，享年103岁。

众圣教堂，耶稣巷（克里斯·麦克劳德摄影）

众圣教堂（All Saints Church）　　地图H5

对着耶稣学院、令人印象深刻的尖顶教堂是众圣教堂，1864年由G.F.博德利（G.F.Bodley）建造。与耶稣学院礼拜堂一样，它的彩绘玻璃（1865~1866年）是前拉斐尔画派艺术家莫里斯、伯恩－琼斯和马多克斯·布朗的作品。这座建筑是用来替换位于圣约翰街的老众圣教堂的（它曾坐落在如今仍被称为众圣过道的地方),它一直保有祝圣身份,不过却是由教堂保护基金维持的。众圣教堂内部以维多利亚艺术和工艺装潢的奇妙实例为特色,在19世纪英国建筑师使用哥特形式方面,它被认为是一个重要地标,是剑桥中心区比较有名气的珍宝之一。

韦斯科特馆 (Westcott House) 地图H5

众圣教堂旁边是韦斯科特馆,它是剑桥4个独立的神学院之一。这里培训的是英国圣公会牧师。此神学院建于1881年,它面向街道的排楼是长满青草的内庭的一部分,可追溯到1899年。

卫斯理馆 (Wesley House) 地图G5

再往西走,在耶稣巷的对面,循道宗神学院卫斯理馆1925年在现址得以建成,其创立则是在1921年。如今它也为跨信仰小组 (inter-faith groups) 提供基地。面向道路的较新建筑可以追溯到1972年。

A.D.C.剧院 (A.D.C. Theatre) 地图G5

从耶稣学院的小三一住宅穿过街道,就来到大学业余戏剧社 (University's Amateur Dramatic Club) 剧院。它于1855年创立,受到威尔士亲王 (后来的爱德华七世) 的热心支持,他1861年来到剑桥读本科。现有剧院于1935年开放。它坐落在贵格会之友教堂 (Quakers' Friends Meeting House) 旁边。

圣克莱门特教堂 (St Clement's Church) 地图F5

回到桥街,在去茂德林学院的路上,我们能经过圣克莱门特教堂,圣克莱门特是丹麦水手的守护圣人。公元875年左右起,剑桥的这一区域由丹麦入侵者(仍旧是基督教化的)开发,他们的港口位于茂德林桥跨越剑河之处。现在的教堂建筑可以追溯到1218年之后,有很多后世添加部分,包括1821年面向街道的钟楼。现在它还是一座希腊东正教堂,敬献给圣阿塔那西奥斯(St Athanasios)。

此处有一个小迂回路,引领我们在一侧抵达如画的葡萄牙广场(Portugal Place),在另一侧到达汤普森巷(Thompson's Lane)上的剑桥犹太教会堂(Cambridge Jewish Synagogue)。

茂德林学院 (Magdalene College)　　　地图E4

茂德林学院是1542年在原有建筑中对一个较老机构的重建,这一机构是用于学者－僧侣教育的修士会馆。其他的剑桥学院没有这样的起源。从1472年左右开始它被称为白金汉学院(Buckingham College),是由4个圣本笃教修道院(其徽章出现在某些老门道之上)和白金汉公爵家族资助的。不过它被亨利八世解散,作为大学的世俗性学院重新开放,敬献给抹大拉的圣马利亚。Magdalene读作"茂德林",毫不奇怪与学院赞助者奥德利爵士(Lord Audley)的名字合辙押韵,这是文艺复兴时期爱好双关语的体现。茂德林桥那里,在俯瞰河水的排楼中,可以看到最初的中世纪砖房(15世纪70年代)。

直到19世纪早期,大学中唯有茂德林学院位于剑河较远的对岸。它向来是一个小学院,有时一年招收的学生会减少到个位数,20世纪初在院长A.C.本森(A.C.Benson)的领导下它才开始扩展,他是《希望和荣耀之地》(Land of Hope and Glory)的词作者。在现代茂德林吸引了很多著名人物,包括拉迪亚德·吉卜林(Rudyard Kipling)、托马斯·哈代(Thomas Hardy)、T.S.艾略特(T.S.Eliot),他们是荣誉学院学者;还有I.A.理查兹(I.A.Richards)、

C.S.刘易斯（C.S.Lewis）、迈克尔·拉姆齐（Michael Ramsey，即坎特伯雷大主教，1961~1974年）。

茂德林学院入口紧邻街道，位于16世纪的皮克瑞尔客栈（Pickerel Inn）斜对面。过往岁月中，小镇的这一热门角落就处于城堡山脚下的城市入口之内。来自北、东、南的主要道路在此汇聚，在学院门厅和路口之间连着有5家小客栈。走进学院大门，首庭的特色在于一个有着中世纪橡木屋顶的小礼拜堂，其左边二楼的房间1955~1963年间住过著名的基督教护教士C.S.刘易斯，他是大学的中世纪和文艺复兴英语专业的教授。维多利亚诗人和小说家查尔斯·金斯利（Charles Kingsley）曾居住在"C"门二楼，他是《水孩儿》（The Water-Babies，1863年）的作者。在庭院东边坐落着餐厅楼，茂德林的成员们保留着每晚在烛光下吃晚餐的古老习惯，在餐厅中没有电。与基督圣体学院和皇后学院的旧庭一道，茂德林的首庭是原汁原味的中世纪学院寄宿生活在剑桥的最好集成。

茂德林学院的建筑亮点是二庭远端17世纪晚期的佩皮斯图

佩皮斯图书馆

书馆（Pepys Library），用淡色凯顿石制成的柱廊颇具魅力。日记作家和海军部长塞缪尔·佩皮斯（Samuel Pepys）于1703年去世，遗赠给他的学院3 000卷册书籍，包括中世纪手稿、卡克斯顿（Caxton）的早期印刷书籍、弗朗西斯·德雷克（Francis Drake）爵士的航海年鉴，以及他自己的著名日记，都按照高度排序摆放在图书馆中。在佩皮斯图书馆南端的房间里，曾居住过爱尔兰民族主义政治家C.S.帕内尔（C.S.Parnell），由于他有梦游倾向而住在一层。

　　尽管只有约350名本科生（仍旧是最小学院之一），茂德林学院在20世纪大为扩展。街对面的院址以本森庭（Benson Court）、白金汉庭（Buckingham Court）和马洛里庭（Mallory Court）为特色——最后一个是以乔治·马洛里（George Mallory）命名的，他是茂德林的登山家,1924年在尝试登顶珠穆朗玛峰中遇难。本森庭西边的长排砖房由埃德温·勒琴斯 (Edwin Lutyens) 设计,他最广为人知的工作是规划印度的新德里城。离街道更近的地方,学院很明智地并入了早期半木质建筑。在切斯特顿巷的拐角附近有进一步的扩建,克里普斯庭 (Cripps Court) 于2004年开放。

圣贾尔斯教堂 (St Giles's Church) 地图E3

在城堡街的东南角,圣贾尔斯英国圣公会大教堂的主要建筑可以追溯到1875年,不过它并入了老的走廊拱门,后者见证了1092年左右就存在于此处的早先建筑。

凯特尔庭 (Kettle's Yard) 地图D4

凯特尔庭是房屋和艺术品展馆的结合,它位于城堡街另一侧、交通信号灯北面不远,容纳有20世纪艺术的一流藏品,包括亨利·高迪耶 – 布热斯卡 (Henri Gaudier-Brzeska)、本·尼科尔森 (Ben Nicholson)、芭芭拉·赫普沃斯 (Barbara Hepworth) 和亨利·摩尔 (Henry Moore) 的作品。这个场所是1957年艺术热爱者吉姆·伊德 (Jim Ede) 从4栋老屋发展而来的,用于存放他1966年赠予剑桥大学的藏品 (至今仍分担它的维护)。这些建筑20世纪70年代得以扩建,20世纪90年代中期再度扩建。它提供出一个环境,本身就被认为是一项艺术品。

圣彼得教堂 (St Peter's Church) 地图D3

往山上稍走一点儿,圣彼得教堂就隐藏在树后的草坡上。它规模很小,展现出其起源于中世纪的时代特征,包括北边一个封闭的门道和 (内部) 有雕刻图案的圣水盆,两者都是诺曼时期的遗

存。这是一个安宁、隐匿的地点，喧嚣的城市就在其下。更富活力
的旅行者可以沿城堡街继续上行抵达剑桥城堡，它就在郡议会大
楼停车场的较远处。城堡的所有遗存只是粗糙的土墩（1068年），
俯瞰着后世所建的钟楼和教堂尖顶。

圣彼得教堂

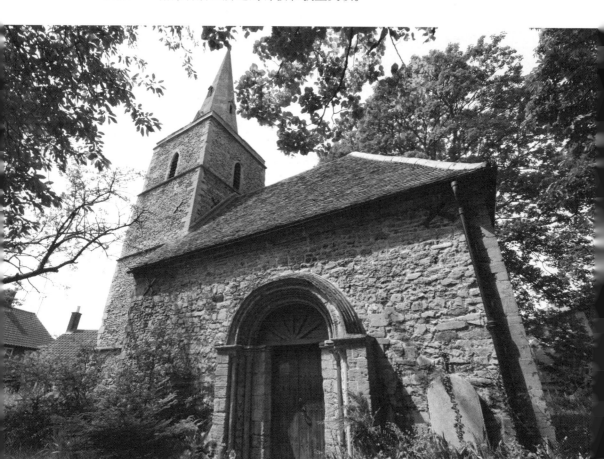

第五章

中心区之外的场所

高十字区的施卢姆贝格尔大楼（上）；剑桥西区的威廉·盖茨大楼（左）；西奇威克区的历史学院大楼（右）

　　本书最后部分的短小条目涉及的是位于剑桥中心区之外的场所，包括余下的大学学院以及挑选出来的、与大学相关的有趣地点。它们大致以顺时针次序呈现，从城市中心西南的纽纳姆学院起始。每个场所都在本书伊始的剑桥总地图中有所标注。尤其是前七个条目（从纽纳姆到大学图书馆），对时间较充裕但没有汽车交通的游客构成了一条适于行走的路线。

纽纳姆学院 (Newnham College)　　　　　　　地图B11

　　纽纳姆学院（1871年）是16世纪以来创建的最重要和最有影响的剑桥或牛津学院之一，它发动了一场缓慢但明晰的女性主义改革运动，很快也在大学内设立了新的学术标准。它造就了众多一流的女性作家、科学家和智识分子，而且坚定如一地维持女性学院的身份，比任何其他学院的女生都多（约420名）。纽纳姆的老成员包括西尔维娅·普拉思（Sylvia Plath）、玛格丽特·德拉布尔（Margaret Drabble）、A.S.拜厄特（A.S.Byatt）、罗莎琳德·富兰克林（Rosalind Franklin）、杰曼·格里尔（Germaine Greer）、莉萨·贾丁（Lisa Jardine）和奥斯卡获奖女演员埃玛·汤普森（Emma Thompson），其中富兰克林与克里克、沃森共同致力于DNA结构的发现。

　　纽纳姆学院的早期导师有亨利·西奇威克（Henry Sidgwick），他是促进女性教育的道德哲学家和剑桥教授，还有其首位院长安妮·杰迈玛·克拉夫（Anne Jemima Clough）。自由主义贵族对学院的创立抱有兴趣，而且最早的学院学生包括首相的女儿海伦·格拉德斯通（Helen Gladstone），以及埃莉诺·鲍尔弗（Eleanor Balfour），即未来首相的姊妹及后来的西奇威克夫人。1875年克拉夫带着她日益增多的学生来到了由男性把持的大学西边的现址，在此之前一家女子学院即格顿学院已经落户剑桥。巴兹尔·钱普尼斯（Basil Champneys）在这里建造了一系列安妮皇后风格的

建筑,荷兰式红砖山墙和白色木质构件与周围广阔的草坪和花坛非常相宜。这是维多利亚风尚的一个极其诱人的例子,它在新环境中大规模改造旧有建筑的风格。建造一个女子学院对钱普尼斯构成了挑战,而他顺利完成了。方案中没有包括礼拜堂 (学院至今仍没有建造它)。

1914年之前纽纳姆学院有200多名学生,在第一次世界大战期间 (男性被征召赴海外服兵役) 它比所有男子学院规模都大。大学没有女生就意味着大学与很大一部分国民智慧相隔绝,达成此认识的重要一步是1917年纽纳姆收到了学院特许状;另一步则是1948年女性最终获颁大学学位。

学院图书馆2004年得以扩建,与19世纪建筑的温暖红砖风格相一致。

里德利堂 (Ridley Hall) 　　地图C11

紧邻纽纳姆学院东面坐落的是里德利堂,它是1877年剑桥计划成立的第一所神学院,牛津的则是威克利夫堂 (Wycliffe Hall)。里德利堂于1881年落成开放。设在与隔壁纽纳姆学院同时代的建筑物中，这所英国圣公会学院在神学光谱中倾向于福音派一端。

西奇威克区 (Sidgwick Site)　　　　地图B10

大学最主要的非科学院系位于西奇威克大街上、纽纳姆学院对面，以道德哲学家亨利·西奇威克命名。西奇威克区最初开发于20世纪60年代，为古典学、经济学、英语、历史、法学、现代和中世纪语言学、哲学等专业的学生提供教室和图书馆。与大街很近的古典考古学博物馆 (Museum of Classical Archaeology) 藏有著名希腊和罗马雕塑的石膏模型，包括帕台农神庙的中楣、德尔斐的御者。在19世纪中期，藏品最初用作教具，1884年首次集中存放于博物馆中。这家博物馆原先位于从彼得学馆租来的、圣马利亚小教堂巷上的一座建筑中，1992年移到现址。藏于佛罗伦萨乌菲奇美术馆 (Uffizi Gallery) 的原品之一1993年遭恐怖分子炸弹损毁之后，保护这些复制品就显得更加重要了。

此区另一边是詹姆斯·斯特林 (James Stirling) 设计的历史学院大楼 (History Faculty Building, 1964~1968年)，它是剑桥最有争议的建筑之一。砖与大玻璃组成的大楼正面代表了一种现代实验主义，为建筑史家尼古劳斯·佩夫斯纳 (Nikolaus Pevsner) 所鄙视，但被其他评论家尊崇为创新之杰作。

在历史学院大楼旁边是较晚近的先锋设计之例，均显示出西奇威克区1996年以来的主要扩建。那一年，女王为法学院大楼 (Law Faculty Building) 揭幕，内中包括斯夸尔法学图书馆 (Squire Law Library)，建筑是由诺曼·福斯特爵士设计的。2000年神学院 (Faculty of Divinity) 从圣约翰街迁到了西边特意定制的新址。犯罪学研究所 (Institute of Criminology) 是2004年搬来的，同年英语学院 (Faculty of English) 占据了北边的新建筑。

音乐学院 (Faculty of Music) 的西路音乐厅 (West Road

法学院大楼

Concert Hall）是20世纪70年代中期莱斯利·马丁（Leslie Martin）爵士设计的，它一直是举办古典音乐会的活跃场所。马丁还设计了伦敦皇家节日音乐厅（London's Royal Festival Hall）。

塞尔温学院（Selwyn College）　地图A11

塞尔温学院门楼

乔治·奥古斯塔斯·塞尔温（George Augustus Selwyn）是新西兰首位圣公会主教和后来的利希菲尔德主教，他于1878年去世，一所与英国国教紧密相关的新学院建立起来以资纪念。1882年塞尔温学院在格兰奇路落成开放，就像它在牛津较早的对应机构基布尔学院（Keble College）一样，它坚持其高级成员必须是坚定的圣公会教徒，恪守基督教原则。主教是维多利亚时期"强健基督徒"之范型，他1829年在圣约翰学院读本科时是剑桥首个赛艇队的成员，与牛津进行竞赛。查尔斯·金斯利在其《向西去嗬》（Westward Ho!）献辞中，赞颂主教之"纯粹和英雄般"的英式美德。学院入口之上刻有古希腊铭文，意思是"坚定信仰、如男人般表现"。

塞尔温成为牧师之子所钟爱的学院，与其他维多利亚晚期创立的剑桥学院（格顿、纽纳姆、菲茨威廉、霍默顿、休斯）不同，这

塞尔温学院礼拜堂

些学院更多是被世俗和社会理念而不是被教会理念所激发。塞尔
温随后的历史是逐渐并入大学的历史。1926年之前它已获得较老
学院的很多特权，1958年它被认可为大学的一个拥有全部权利的
学院。

　　塞尔温学院的建筑具有19世纪80年代的红砖、新都铎式风
格，离格兰奇路边有些距离的前排房屋有一个结实的、带角塔的门
楼。其礼拜堂在形式上 (尽管不是在规模上) 使人联想起400多
年之前修建的国王学院礼拜堂。2003年，旧庭北面、朝着西路开
创了一项大建筑工程，被称作安庭 (Ann's Court)。

克莱尔堂 (Clare Hall)　　　　　　　　地图A9 (以西)

　　克莱尔堂是克莱尔学院的院长和学院学者于1966年创办的
一个研究生学院。两年之前时任克莱尔学院学者的理查德·伊登
(Richard Eden) 的建议激发了他们的决定，伊登因此成为克莱尔
堂的创建学者之一。他提议学院建立一个高等研究中心，形成国
际化的团体，由访问学者、剑桥大学讲师和教授、大学主要从事研

克莱尔堂 (克里斯·麦克
劳德摄影)

究的成员组成,提供一个鼓励国际交流和从中获益的机会。1984
年之前,当克莱尔堂接受自己的皇家特许状时,其访问学院学者项
目已是剑桥所有学院中规模最大的。2007年它有70多位主要来
自海外的访问学院学者,还有150名研究生。

克莱尔堂位于赫舍尔路 (Herschel Road),在大学图书馆附近
与格兰奇路汇合,以拉尔夫·厄斯金 (Ralph Erskine) 这位立足于
瑞典的英国著名建筑师设计的建筑物为特色。

罗宾逊学院 (Robinson College) 　地图A8 (以西)

罗宾逊学院 (1977年) 位于格兰奇路大学图书馆西边,在剑
桥的学院中历史最短,是继唐宁学院以来首个依靠单一赞助人的
大笔捐助而建立起来的学院。一位最初靠在贝德福德卖自行车起
家的隐居商人戴维·罗宾逊 (David Robinson),捐出 1 700 万英镑
资助这个项目,它在建筑以及其他方面都获得了显著成功。两排
多西特彩砖建筑构成了一个倒 "L" 形,位于大花园的东边和东南
边。花园中有树林、溪流、特意修建的开放剧场,排排阳台可以俯
瞰。学院主步道穿过层层小丘,到达一个引人注意的礼拜堂,彩绘
玻璃和室内装饰是英国著名艺术家约翰·派珀 (John Piper) 设计
的。这个礼拜堂还有一个特别精美的佛洛比尼斯管风琴。

罗宾逊学院(伊恩·哈特
摄影)

1981年女王为学院揭幕那天,戴维·罗宾逊爵士对其原始
捐赠又追加了一笔,不过他由于年老行动愈加不便而未能参加典
礼。他于1987年辞世。作为一位著名慈善家,罗宾逊还资助了希
尔斯路上剑桥新阿登布鲁克区的罗茜产科医院 (Rosie Maternity
Hospital),医院是以其母亲命名的。

大学图书馆 (University Library) 　地图B8

大学从14世纪初开始就提供藏书给大家借阅了,1438年在

老学校开放了第一个图书室。大学图书馆设在那里将近500年，直到那里的科克雷尔楼再也容纳不下，从而于1934年搬进了一栋专门建造的、位于皇后路和格兰特路之间的大型建筑。新图书馆的建筑师是贾尔斯·吉尔伯特·斯科特，他设计了英国的红色电话亭，图书馆塔楼的形状与之有关，巴特西电站（Battersea Power Station）也是如此。这是英国5个法律规定的存储图书馆之一，意思是它有权利要求免费获得英国出版的所有出版物。剑桥大学图书馆每个工作日都收到500多本书，它的藏书和手稿量大质优，位列前茅。它是欧洲最大的开放图书馆，包含800万卷册，占据170公里长的书架。它还提供成千上万种电子期刊、数据库和电子图书。从1998年开始，大学图书馆耗费3 000万英镑依照吉尔伯特·斯科特的风格扩建，为手稿、珍本和东亚收藏提供新阅览室，增设数字资源区、新的大型存物处，配备更好的保藏设施以及向公

剑桥大学图书馆

众开放的新展览中心。每年都有数千名国际学者来查阅图书馆的大量收藏，其目录能通过互联网免费访问。不是大学成员的研究者可以申请使用图书馆。

数学中心
(Centre for Mathematical Sciences)　　地图A4（以西）

在格兰奇路北端尽头的克拉克森路（Clarkson Road）上，数学中心将大学的两个数学系和伊萨克·牛顿研究所（Isaac Newton Institute）整合在一起。伊萨克·牛顿研究所是一个高等研究中心，世界各地的数学家和科学家能够在此开展研究项目。研究所于1992年开放，以出生于350年之前的、剑桥最伟大的科学思想家命名。2001年，作为大学图书馆的分支，贝蒂及戈登·摩尔图书馆

贝蒂及戈登·摩尔图书馆

(Betty and Gordon Moore Library) 在此揭幕,服务于物理学、数学和技术专业。毗邻的获奖建筑物完成于2002~2003年,所有伟大构想都来自建筑师爱德华·卡利南 (Edward Cullinan)。

威斯敏斯特学院 (Westminster College)　　地图C4

回到更靠近城市中心的位置,威斯敏斯特学院是联合归正教会 (United Reformed Church) 的神学院,它作为长老会中心于1899年在剑桥创立,位于麦丁利路 (Madingley Road) 与诺桑普顿街 (Northampton Street) 汇合的拐角。其暖色砖石使得建筑正面很引人注目,坐落于道路转弯处高栏之后的石头广场之上。1967年,剑桥之前的一所神学院切希昂特 (Cheshunt) 与威斯敏斯特在此合并。

露西·卡文迪什学院
(Lucy Cavendish College)　　地图C4

紧邻西边的花园背景之中,坐落着英国首个为成人女性 (21岁及以上) 所设的大学学院,其建筑风格是维多利亚时代和现代的混合。露西·卡文迪什学院获批只聘用女性学者,以助于恢复高等教育领域中的性别平衡。学院于1965年开放,现在约有200名学生 (2/3是本科生)。露西·卡文迪什 (1841~1925年) 是卡文迪什实验室创立者的儿媳,她是女性教育的倡导者。1999年一座新图书馆落成。

圣埃德蒙学院 (St Edmund's College)　　地图B2

附近悦山 (Mount Pleasant) 上的建筑物于1896年开放,以容纳罗马天主教学生,1965年转变为一个研究生学院。学院1986

年之前名为圣埃德蒙学馆（St Edmund's House），它纪念的不是东盎格里亚的著名守护圣人，而是13世纪阿宾顿的埃德蒙，他后来成为坎特伯雷大主教。学院的学生总数为325名（现在不需要是天主教徒了），它仍旧是大学中唯一拥有天主教礼拜堂的学院。现代扩建包括朝街的塔楼（1992年），它吸取了多种建筑风格，其上是剑桥所有学院中最高的房间。学院的扩建部分还包括新宿舍楼和图书馆，于2001~2007年间不断完成。

丘吉尔学院（Churchill College）　　地图A3（以西）

　　丘吉尔学院于1960年创立，是英国和英联邦为纪念温斯顿·丘吉尔（Winston Churchill）爵士而建。它位于麦丁利路以西半英里之处。除了老学院中较大的那些，其他学院都没有它的规模大。尽管温斯顿爵士没有上大学，但从他提议建立一所主要以科技为基础的学院中可以看出其兴趣所在，这项提议受到麻省理工学院的启发。丘吉尔学院的学生中科学专业与人文专业的比例很特殊，为7比3。它的研究生比例非常高，海外访问学者项目也很有活力。丘吉尔学院总是致力于满足现代需求并因此而自豪：它在剑桥首先拥有为已婚研究生设计的公寓，摆设有芭芭拉·赫普沃斯（Barbara Hepworth）、林恩·查德威克（Lynn Chadwick）等人的雕塑作品，是首个决定本科男女生同院住宿的学院。温斯顿爵士文档启动了学院档案中心政治、科学和军事档案的设立。玛格丽特·撒切尔文档2003年加入进来——英国首相的文档首次在当事人去世前公开化。在此中心可查阅600项收藏品资料，用于教学和研究。1992年学院开放了莫勒中心（Møller Centre），它是A.P.莫勒和贾斯汀·麦金尼·莫勒基金会（The A.P.Møller and Chastine Mc-Kinney Møller）的礼物，由丹麦建筑师亨宁·拉森（Henning Larsen）设计，作为提供住宿的教育和会议中心可供租用。

丘吉尔学院的莫勒中心

剑桥西区 (West Cambridge Site)   地图A4 (以西)

　　剑桥西区位于麦丁利路南边、丘吉尔学院之外，近年来有很大发展。它容纳有卡文迪什实验室 (大学物理系从其位于自由学校巷上的那个著名原址搬迁至此)、兽医系和女王兽医学校医院 (组成英国的7所兽医学校之一)、惠特尔工程实验室。不过现在又加入了医学物理学中心、光电子学高级中心、纳米中心和计算机实验室，在建的还有更多。

　　剑桥在计算机历史中占据重要位置。奠立在可以让机器从事重复计算的观念基础上，卢卡斯数学讲席教授查尔斯·巴比奇1820年之前就在这里产生了关于计算机器的初步想法，在1871年去世之前他一直在探索。剑桥数学系主任莫里斯·威尔金斯1949年为EDSAC (Electronic Delay Storage Automatic Computer) 揭幕，它是世界上第一部完备的、能充分使用的电子数据储存程序计算机。大学一直处于计算机和软件工程实际应用的前沿，它与微软

光电子学高级中心

的合作就是证明。微软研发欧洲总部在剑桥西区落户,威尔金斯为威廉·盖茨大楼揭幕,计算机实验室2002年从其自由学校巷上的原初地点搬迁到此楼。2000年乐善好施的比尔和梅琳达·盖茨基金会(Bill and Melinda Gates Foundation)启动了剑桥奖学金项目,为研究生尤其是来自美国的研究生提供资助。

　　沿着路在高十字区(High Cross)可以看到其他重要中心,它们被吸引到剑桥有一部分原因是因为大学在这里。这些中心有施卢姆贝格尔剑桥研究大楼(Schlumberger Cambridge Research)、英国南极考察总部(British Antarctic Survey)。

　　在大学接下来数十年的扩张中,麦丁利路、亨廷顿路和M11公路之间的这块楔形土地还要由它进一步大型开发。

麦丁利高地(天文台区)
Madingley Rise(Observatories Site)　　地图A3(以西)

　　麦丁利路北部的缓坡上,天文台19世纪早期的新古典式宏伟建筑仍旧是剑桥天文学的中心,容纳着大学的天文学研究所。诺森伯兰12英寸反射望远镜置于最大的穹顶屋之中。在短暂的一段时期内,它是世界最大的望远镜。1846年詹姆斯·查理士(James Challis)用它系统搜寻被称作海王星的行星,依据的是约翰·库奇·亚当斯(John Couch Adams)的计算,后者接替查理士担任剑桥天文台的主任(不过海王星是1846年晚些时候在柏林首次被观测到的)。安东尼·休伊什(Antony Hewish)和马丁·赖尔(Martin Ryle)1974年荣获诺贝尔物理学奖,理论天文学和射电天文学在剑桥的坚实传统吸引皇家格林尼治天文台(Royal Greenwich Observatory)1990~1998年间设在这里,直到它关闭,作为一部分并入格林尼治国家海军博物馆(Greenwich's National Maritime Museum)。

　　剑桥的很多学院在18世纪都拥有自己的天文台,它们将望远

天文台区的望远镜

镜架设在礼拜堂和门楼之上。麦丁利高地区如今在冬季组织公众天文观测夜活动，那时会使用诺森伯兰和其他望远镜，它们的观测结果通过数字投影仪投射到场地周围的屏幕上。

更远处可以看到大学的马拉德射电天文台（Mullard Radio Astronomy Observatory），位于巴顿之外A603公路剑桥西南4英里处。它的射电望远镜沿着去往牛津的老铁路一线排列，后者提供出既直且平的便利场所。中子星1967年在此被发现。

美国人墓地（American Cemetery）　　　　地图A3（以西）

尽管之前是大学的土地，美国人墓地（靠近麦丁利，剑桥以西3英里）并不是大学的一部分。其礼拜堂和依山之势吸引着大西洋彼岸的游客，它是对二战期间殁于欧洲的无数美国军人的纪念，他们中的很多人来自大量散布在东盎格里亚的空军基地。

美国人墓地

麦丁利馆 (Madingley Hall)　　　　　　地图A3 (以西)

在麦丁利村外绵延起伏的乡间，有一座都铎式宅邸是大学继续教育所 (Institute of Continuing Education) 的总部。它常年开设可提供住宿的课程，全都开放供公众注册，学习人数众多。通向老马厩院的大门 (1470年左右) 曾坐落在老学校东侧面之前，一直到18世纪50年代斯蒂芬·赖特 (Stephen Wright) 对其重建为止。

格顿学院 (Girton College)　　　　　　地图A1 (以北)

1869年，教育改革家埃米莉·戴维斯 (Emily Davies) 以剑桥的学院为模式在赫特福德郡的希钦创办了一个女性教育结构，培训女生参加剑桥的学士学位考试，那时剑桥或牛津都还没有女子学院。改革之风很强盛，在她1873年搬到剑桥西北2.5英里格顿村边上一个宽敞地点之前，一个女子学院 (纽纳姆学院的前身) 已经建立起来了。之后的改变缓慢进行，1924年格顿获得了正式的学院特许状。直到20世纪后半叶，它与纽纳姆仍是由男性主导的大学中唯一的两所女子学院。

格顿学院是19世纪70年代多产的阿尔弗雷德·沃特豪斯设计的红砖建筑中的精品。从西北方向进入城市，可以看到以青葱原野为背景的格顿钟楼、角塔和山墙。追随20世纪60年代和70年代的教育改革，格顿开始招收男生 (1979年)。如今男生占其学生人数的一半，使其成为本科水平的大学院之一，有500多名本科生 (还有200多名研究生)。格顿的学院学者男女人数均等，这在剑桥的学院中独一无二。

2005年格顿完成了其新图书馆和档案馆的修建，为此它获得了国家奖励，其中存放着由于其在妇女教育史中的先锋角色而积累下来的资料。

格顿门塔

耶稣升天教区墓地
(Ascension Parish Burial Ground)　　　　地图A1（西北）

如果您喜欢边浏览墓碑边沉思，这个僻静的教堂墓地就是必游之地。紧邻斯托里路西北，通过一条离开亨廷顿路的小巷可以抵达，它为剑桥很多伟大和善良之士提供了最终的安息地。埋葬于此的包括路德维希·维特根斯坦、G.E.摩尔、A.C.本森（A.C.Benson）、约翰·考克饶夫（John Cockcroft）、弗朗西斯·康福德（Frances Cornford）、W.W.斯基特（W.W.Skeat）、约翰·库奇·亚当斯、阿尔弗雷德·马歇尔（Alfred Marshall），以及达尔文家族的若干成员。礼拜堂旁边的一块牌子提供了墓园指南。

菲茨威廉学院 (Fitzwilliam College)　　　　地图A1

这个现代学院的起源可以回溯到1869年非学院学生委员会（Non-Collegiate Students' Board）的建立。委员会的总部设在特兰平顿街31号和32号，靠近菲茨威廉博物馆。1887年它被称为菲茨威廉堂，1924年被称为菲茨威廉馆。1966年当获得完全的学院身份之后，菲茨威廉学院迁到了亨廷顿路的现址，在出城往格顿去的路上。

菲茨威廉学院现代派建筑的亮点在于德尼斯·拉斯登（Denys Lasdun）设计的餐厅楼，其屋顶小阁造型独特，拱顶带有篷盖，玻璃窗高大明澈。享有国际声誉的礼拜堂由理查德·麦科马克（Richard MacCormac）设计，他还建造了新庭、门楼庭，后者2004年设计用来为学院提供新入口。一座名为"树丛"（The Grove）的维多利亚宅邸被和谐地并入这片8英亩的土地。2008年，在准备建造新图书馆而进行的考古挖掘中，发现了剑桥城最古老的青铜时代文物。

默里与爱德华兹学院
(Murray Edwards College)　　　　地图B1

　　默里与爱德华兹学院坐落在菲茨威廉学院靠近城市的那一边，它作为新堂（New Hall）创立于1954年，目的是为女生提供更多位置。学院一向致力于确保所有背景的女性获得高质量的教育，它约有450名学生（均为女生）、约50位学院学者（男女都有）。其现址是1962~1964年开发的，查尔斯·达尔文的后裔最初拥有此地，后来捐献了出来。值得特别注意的是餐厅优雅的圆屋顶和精美图书馆的拱顶，两者形成了喷泉庭（Fountain Court）的中心；以及风景如画的场地，包括2007年获得切尔西花展铜奖的"金星凌日"（Transit of Venus）花园。由顶尖女艺术家捐赠的约300件绘画和雕塑，构成了英国独特的收藏，并且开放展览。学院设有嘉悦教育和文化中心（Kaetsu Educational and Cultural

默里与爱德华兹学院的嘉悦中心

Centre），与日本最古老的妇女教育基金会之一合作建立。新堂为大学提供了首位女性副校长罗斯玛丽·默里（Rosemary Murray）。当新堂2008年改名时，将她的姓与一位捐款3 000万英磅的前学生罗斯·爱德华兹（Ros Edwards）的姓合在一起，作为学院名称。

耶稣绿地和剑河
(Jesus Green and River Cam)   地图H2

　　沿着切斯特顿巷有一座人行小桥通向耶稣绿地，它是一个公共休闲区域，是沿河散步的理想起始点。一位新教殉道士、国王学院的约翰·赫里亚（John Hullier）16世纪中期由于他的信仰而被烧死在这里的火刑柱上。19世纪制订了一个在这里修建火车站的

剑河上的划艇竞赛

计划,但没有实施。剑河上修有一座坝,更靠东的位置有一个户外游泳池。

有更多时间的游客应当沿河岸小路前行,穿过维多利亚路桥(Victoria Road bridge),走过仲夏公共草地(Midsummer Common)和斯托布里奇公共草地(Stourbridge Common),那里从13世纪早期开始每年有一次集市,延续了500多年。在伊丽莎白时期吸引了全欧洲的商人和戏剧表演者,成为欧洲此类活动中规模最大的。大学学期中的大清早,北岸的学院艇库繁忙一片,赛艇手们纷纷热身和收拾他们的桨。在一年的大多数时间里,都可能看到赛艇队在这一河段训练,实际上一直延伸到数英里之外的切斯特顿(Chesterton)和贝茨尖闸(Baits Bite Lock),学院之间的划艇竞赛"四旬斋赛"(Lents)和"五月赛"(May Bumps)年年在那里举行。在剑桥学生从事的很多高水平体育项目中,划艇是最知名的一种。有些学生将在他们选择的运动项目上与牛津对抗,赢得"蓝奖"(Blue)。入选的少数几位赛艇手能够参加赛艇会(Boat Race),即每年在伦敦泰晤士河上举行的剑桥-牛津竞赛,它持续受到全世界的关注。

科学园(Science Park)　　　　　地图11(以北)

20世纪80年代,大学和学院为剑桥发展成国际技术开发中心提供了资金帮助。三一学院1970年创立了科学园,是英国首家这样的场所,它很好地例证了学术界和工业界接轨所形成的冲力。它以及附近的创新园(Innovation Park)位于城市以北2.5英里处,那里A1309/A10伊利路接上了A14支路。雄伟的纳普制药实验楼(NAPP Laboratories,1981~1983年)有着白色框架和玻璃正面,从路上一眼就可以看到。在造就这一高技术工业区的90多家公司中有计算机公司和制药公司,它们与大学保持着紧密的研究联系,其成功模式将持续运行。

休斯堂 (Hughes Hall)　　　　　　　　地图I9（以东）

　　休斯堂坐落在城市中心区以东1英里处,俯瞰着大学板球场芬纳馆 (Fenner's)。它创立于1885年,原名为剑桥女教师培训学院 (Cambridge Training College for Women Teachers)。1895年它搬到了新的红砖建筑中,这些建筑使人想起纽纳姆这所帮助建立休斯堂的学院。1949年它改名以纪念其首任院长E.P.休斯 (E.P.Hughes) 小姐。休斯堂1973年首次招收男生攻读更高学位和获得文凭,那时它变成了大学的招收研究生的学院。板球场北边的拐角处修建了一系列食宿楼,于2005年开放。

斯科特极地研究所和网球场路区
(Scott Polar Research Institute and Tennis Court Road area)
地图I12

　　在伦斯菲尔德路上、圣母与英国殉道者天主堂以西,一个以罗伯特·福尔肯·斯科特 (Robert Falcon Scott) 队长命名的研究所致力于极地相关研究。斯科特是一位英国探险家,1912年在到达南极之后去世。1920年研究所成立,现在位于一栋1934年的建筑里。它包括了一个公共博物馆,以北极和南极探险展览为特色。展品中,有在运道不佳的1912年探险者 (包括剑桥毕业生爱德华·威尔逊博士) 遗物中发现的信件。花园中的塑像是斯科特的遗孀凯瑟琳铸造的。1998年研究所开放了一个新图书馆,它也是国际冰河学会 (International Glaciological Society)、南极研究科学委员会 (Scientific Committee on Antarctic Research)、世界冰河学数据中心剑桥部 (World Data Centre for Glaciology, Cambridge) 的所在地,它还是自然环境研究会极地观测和建模中心 (NERC Centre for Polar Observation and Modelling) 的组成部分。

接着向前是大学的化学系（Department of Chemistry，1953~1960年建立），它是研究有机化学和无机化学专业的重要中心，由1957年诺贝尔奖得主托德勋爵（Lord Todd）促成。有着金字塔型采光井的化学图书馆于2001年开放，是联合利华分子信息学中心（Unilever Centre for Molecular Informatics）的一部分。

附近的网球场路向北与唐宁区相连。沿着这条路的西侧，我们看到药学系（Department of Pharmacology）、生物技术研究所（Institute of Biotechnology）、韦尔科姆干细胞研究中心（Wellcome Trust Centre for Stem Cell Research，2006年落成）、剑桥系统生物学中心（Cambridge Systems Biology Centre）和格登研究所（Gurdon Institute，2005年落成，致力于癌症和发育生物学研究）。这里还有生物化学系（Department of Biochemistry），它与医学研究委员会（Medical Research Council）的剑桥实验室一道负责生物化学领域最重要的研究项目。这是由弗雷德·桑格（Fred Sanger）在剑桥完成的蛋白质和核酸研究工作所推动的，他是首位两次获得诺贝尔化学奖的人（1958年和1980年）。在路的北端，彭布罗克学院最近添加了女创立者庭，有一个直接刻在石头上的日晷，非常显著。

霍默顿学院（Homerton College）　地图I10（东南）

霍默顿1977年获批成为大学的一部分，2010年3月获颁皇家特许状。它如今是大学中一个拥有全部权利的学院。1768年它作为一个学会（Academy）在伦敦创立，其根源可回溯到1695年。它1895年迁至剑桥，搬进了引人注目的新都铎式红砖建筑（由贾尔斯和高夫设计），之前的卡文迪什学院位于那里。学院以朝南的维多利亚式和爱德华式建筑为核心，于21世纪初开展了一项雄心勃勃的新建筑方案。这项方案要在宽敞美丽的草坪和花园中为本科生和研究生提供上佳食宿，还有会议设施。霍默顿学院边上是

春日中的霍默顿学院塔楼

教育学院（Faculty of Education）的新大楼（2005年），令人印象深刻。

　　在霍默顿迁到剑桥之后，它很快就被认为是一所顶尖的教师培训机构，造就了很多代学生，以高学术水平与扎实的教学技能相结合而闻名。2001年它开始多样化进程，学科领域大幅增加，但同时还继续维持着与教育学的紧密联系。它的学院学者范围稳步扩展，如今针对几乎所有其他剑桥学士学位考试招收本科生。此外，它还有很大数量的硕博研究生。在学生总数上，霍默顿当前是剑桥最大的学院，约有1 100名学生。

阿登布鲁克医院
（Addenbrooke's Hospital）　　　　　地图I10（东南）

　　阿登布鲁克医院是英国最主要的教研医院之一、欧洲最大的医院复合体之一。剑桥大学的临床医学院设在这里，近年来在医学的很多进展中发挥领军作用。它是18世纪中期用约翰·阿登布鲁克医生留下的4 767英镑建立的，这是首位英国人捐赠私人财产建立一家依靠自愿捐助的医院（关于其原址）。阿登布鲁克医院现在每年治疗50多万病人，而且还在继续扩展。2007年女王为英国癌症研究剑桥所（Cancer Research UK Cambridge Research Institute）揭幕，研究所位于李嘉诚中心（Li Ka Shing Centre）。

爱丁堡楼（马克·安德森摄影）

剑桥大学出版社
（Cambridge University Press）　　　　地图I12（东南）

　　从伦敦开来的火车将要抵达剑桥火车站之前，可以看到醒目的棕色大楼。这是大学出版社的总部，是出版社1981年揭幕的爱丁堡综合楼（Edinburgh Building complex）的一部分。印刷厂1963年就已经设在这个沙夫茨伯里路（Shaftesbury Road）区域了，而且仍旧被称作大学印刷所（University Printing House）。

植物园（Botanic Garden）　　　　　地图I13（以南）

大学植物园位于城市中心区以南1英里处，展现出一系列美丽风光。这一历史悠久的场所1831年由约翰·亨斯洛（John Henslow）设立，目的是为大学教研服务，他是达尔文的指路明灯。植物园替代了一个1762年建成的、规模小得多的花园，后者即现在的新博物馆区所在地。植物园将植物科学与完美的园艺栽培结合在一起，风格独特。

植物园要为所有人提供愉悦和教益，亨斯洛的这一构想沿袭至今。植物园收集了具有国际重要性的8 000种植物，布置在成年大树周围。在此背景之下150个花坛构成复杂的模式，有系统花

植物园

坛，湖泊之上的巨石园，以及一系列主题栽培区，包括冬园、林地园、干旱园。最近修复了大型柚木温室，得以重现旧日辉煌，通过多样性之戏剧展示了世界植物的样貌。

格兰切斯特草地
(Grantchester Meadows)   地图B13（以南）

通过格兰切斯特街可以最便捷地抵达草地，此街在拉马斯地（Lammas Land）西南角与巴顿路（Barton Road）分开。从那里步行1.5英里就来到了格兰切斯特村。您可以离开主路，沿河岸漫步。乘平底小舟游玩的人会停在这儿野餐，尽享田园风光。摇滚乐队平克·弗洛伊德（Pink Floyd）来自剑桥，他们的吉他手戴维·吉尔摩（Dave Gilmour）的出生地就是名为格兰切斯特草地的街道。他和希德·巴雷特（Syd Barrett）就读于剑桥郡艺术与技术学院，即如今的盎格里亚拉斯金大学。巴雷特是罗杰·沃特斯（Roger Waters）的中学友人，后者创作和演唱了关于草地的一首歌，收录在弗洛伊德的专辑《乌玛嘎玛》（*Ummagumma*）中。

沃夫森学院（Wolfson College）   地图A13（以西）

20世纪60年代创办的其他机构都是由既有学院或大学外的来源提供资助的，而巴顿路上、纽纳姆西南之外的这所学院则是由大学本身于1965年建立的。1973年元旦，这所刚展翅学飞的"大学学院"（University College）获得了经济独立，苏格兰慈善家伊萨克·沃夫森（Isaac Wolfson）创立的沃夫森基金会为它提供了200万英镑以及一个新名字。它的现代建筑在精心布局的区域内形成了一个"E"形。1994年，随着李图书馆（Lee Library）揭幕而开启了进一步的重大扩建，它是以赞助者新加坡的S.T.李博士命名的。20世纪90年代在此地西边建造了新学生宿舍，2005年

校长研究生学习中心（Chancellor's Centre of Graduate Studies）的开放是这次扩建的顶峰。此中心摆放着大学的艾伯特配王塑像（1847~1861年担任校长），这是约翰·亨利·福利的作品。尽管沃夫森学院最初是一个研究生机构，如今它却将大约15%~20%的位置给予本科生，不过最低入学年龄仍保持为21岁。这所学院的学生有超过三分之二固定来自英国之外，从而宣称自己在剑桥最具国际化。

剑桥春花

加勒特客舍桥下的平底小
舟撑篙人

剑桥术语

　　以下是与大学相关的术语列表，附有简单的解释。从大学办公室（"老学校"）、外联办公室、网络（www.cam.ac.uk）可以获取小册子《剑桥大学：它如何运作》（*University of Cambridge: The Way it Works*，第二版，2006年），它为这里的大部分信息提供了来源，特此致谢。列在"阅读书目"部分中的《整理床铺者、学督随从、捧持：剑桥词汇表》（*Bedders, Bulldogs and Bedells: A Cambridge Glossary*），为很多另外的大学词汇和短语提供了有趣的定义。

　　*号表示词语在词汇表别处有专门定义。

Academic Year: 学年从10月1日延伸到9月30日，被分为三个学期*（米迦勒节、四旬斋、复活节学期）和三个假期。　学年

Admission: 通过剑桥招生办公室，学院选择和录取本科生。研究生通过研究生培养委员会申请就读，后者帮助安排其被某一学院录取。　录取

Appointments Committees: 自主性的常务委员会，其职责是作出除教授和高级讲师之外的大多数大学职位的任命。它们依据严格的程序规则行事。这些委员会作出独立的任命，由校政会*或总务会*来确认薪酬和类似细节。　任命委员会

Arms: 剑桥大学1573年受颁盾形纹章，图案包括一个白色十字架，饰有黑色貂尾以及位于中央的扣合书籍，周围是四头呈"扬爪守护"姿势的狮子（行走中但一只前爪扬起，面向观看者）。　纹章

B.A.: 在顺利完成大学本科课业和学士学位考试*之后，大多数剑桥大学生获得的第一学位名为文学士。攻读医学或兽医学的剑桥学生在相应专业获得文学士学位后，再继续攻读，以获得例如医学学士（Bachelor of Medicine）、外科学学士（Bachelor of Surgery）、兽医学学士（Bachelor of Veterinary Medicine）这样的学位。此外还有神学和音乐的学士学位。　文学士学位

参见M.A.*和Doctorate*。

后岸　　Backs: 后岸指的是绵延一公里长的河岸及临近的学院场地，从南端的达尔文学院到北端的茂德林学院。

表决　　Ballot: 理事会*（偶尔是评议会*）就提交给它的动议所进行的投票。如果校政会*或理事会25名成员提出要求，就要按照既定程序规则通过邮件进行理事会表决。

捧持　　Bedell: 参见Esquire Bedells*。

蓝奖　　Blue: 所有代表剑桥在某项特定运动中与牛津对抗的学生都可能赢得蓝奖，奖励包括有权利穿着特殊的运动上装，颜色为剑桥蓝色。有些运动只能获得半蓝奖而不是全奖，意思是运动上装必须配有浅黄色。剑桥的独特颜色被认为起源于1836年举行的剑桥－牛津赛艇会，剑桥船头那时缺少合适的颜色，权宜之计就恰好用了蓝色丝带。每年在两所大学之间举行的运动竞赛被称为大学赛（Varsity Matches）。

监察委员会　Board of Scrutiny: 一个包括两位学督*、两位助理学督和从理事会*选出的8位成员组成的审查团体。其功能是以理事会的名义监察大学账目、校政会*和总务会*的年度报告、大学预算。

剑桥毕业生　Cantab: 这个词用来表示学位*是在剑桥获得的。它是Cantabrigiensis的缩写，后者是城市的拉丁名Cantabrigia的形容词形式。

中心团体　Central Bodies : 对校政会*、院总务会*及其分委会的集体称呼。

校长　　Chancellor: 爱丁堡公爵1977~2011年间担任剑桥大学的名义首脑。作为评议会*选举出来的校长，他担负某些法定职责，在现代其主要的公共责任是授予荣誉学位*。

盾形纹章　Coat of Arms: 参见Arms*。

学院　　College: 关于学院是什么、学院在公立大学中如何运作、与后者的关系，读者请参阅第3~4页的讨论。

Congregation: 理事会为正式开展某些大学事务而开会,主要是授予学位*。集聚会的地点是评议会堂,全年有规律地举行。为授予荣誉学位*会时不时地举行特殊集聚会,复活节学期末的三天留作大多数第一学位学生的毕业典礼(学位总颁发*)。由副校长*或其代理人主持集聚会,除非校长*出席。每一学年开始也会举行集聚会,来选举学督*及其助理。在此之前,由副校长向大学致辞。　集聚会

Council: 一个主要由选举产生的团体,是大学主要的执行和政策制定委员会。它是两个中心团体之一(另一个是院总务会*),负责范围广泛的大学事务,除了那些与教研项目直接相关的之外。它是大学和学院之间的正式联系途径,全面负责规划和资源分配、与外部团体协商、关注除了录取和教学之外的学生事务。　校政会
通过其经济委员会,校政会还负责财务、预算、投资控制以及资产管理。大多数情况下校政会负责向理事会*呈递那些需要后者同意的事务。除了8月份之外校政会通常每月开会,其主席为副校长*、秘书为教务主任*。

Court: 剑桥的庭院是一个内部的方院,通常由建筑物围绕三边或多边,建在学院、老学校等之内。牛津指称相同建筑结构的术语"四方院"(quadrangle),在剑桥从未被使用过。　庭院

Crest of the University: 参见Arms*。　大学纹章

Dean: 一个学院的训导长通常是学院学者*,一般是被任命的牧师,负责学院礼拜堂及其宗教仪式,尽管这一头衔在一些学院指的是负责内部纪律的官员。很多学院还有一位牧师,在训导长手下工作。只有在医学院和兽医学院,dean(主任)一词被用来指称一个学术职位。　训导长

Degree: 在课业和考试(参见Tripos*)之后或出于其他原因授予的资格。剑桥学位有很多种:参见B.A.*、Doctorate*、Honorary*、M.A.*。　学位

Department: 系是大学的院*的分支部门,在理科专业比文科专业更常　系

见。大学中共有约60个系。

| 学业督导 | Director of Studies: 学业督导由学院任命,对本学院攻读特定专业的学生的学业加以指导和监督,包括对考试和讲座提建议、将学生指派给一位或多位导师*。在剑桥,辅导员*一词从未在这一关系上被使用。 |

讨论会　Discussions: 在学期*中的特定周二召开的大学成员的会议,会上由校政会*或其他组织以报告*形式提出事项,理事会*成员、评议会成员或包括学生在内的任何大学成员都可以加以评论。会议程序通常有章可循而不是自发随意的。有时,最初提出事项的组织代表要出席为报告答辩。会议由副校长*或其代理人主持。随后最初提交报告的组织要通报校政会,对评论内容做出回应(或称通告),然后再提出动议*。

博士学位　Doctorate: 在剑桥通常是Ph.D.(即哲学博士学位)。这是一个高级学位,比文学士*或文学硕士*都高,一般在三年研究生学业之后获得。更高的博士学位,比如LL.D.(法学博士)或D.D.(神学博士),在大学中是最高级的资格,通常授予那些已经在其领域发表大量原创作品的人。

先生　Don: 这一老派的口语用法如今在剑桥逐渐被废弃,它源自拉丁词"dominus"(阁下、大师、先生),指称大学或学院的任何一位高级成员,包括教授、讲师和学业督导*。

选举者　Electors: 被指派的一个团体(有时是为了一个特定任务,有时则是长期的),来选举一个人担任某个高级职位,主要是教授职位。由副校长*或其代理人主持选举。程序规则与任命委员会*的相类似,但有特定的附加条件(例如,为了做出一项任命,选举者团体必须开两次会)。

退休人士　Emeritus/Emerita: 此名称适用于60岁以后退休的副校长*、教授、高级讲师和其他某种高级职位的持有者。在剑桥,此名称不是作为一个独立的杰出称号而授予的(尽管对于任命荣誉教授有相应条款)。

捧持先生　Esquire Bedells: 两位担负礼仪职责的官员。他们在集聚会上有某些重要责任,在列队行进中手持大学权杖走在校长或副校长的前面。高级捧持先生对正确的程式和学服穿着负总责。

Faculty: 剑桥的每个院都是大学的一个分支管理机构, 负责特定学科或学科群的教研工作。例如, 亚洲和中东研究院、生物学院、古典学院、计算机科学与技术学院、神学院、地球科学与地理学院、教育学院、英语学院、数学院、音乐学院、物理与化学院。有些较大的院为了管理方便而分成了系*; 这一分支部门在文科院别中比较少见。每个院有一个选出来的院委员会, 就提供充足的教学和研究设施向总务会*负责。学术事务的报告主要是由相关的院委员会提出的。　　　　院

Fellow: 学院学者 (在大多数学院中男女皆有) 是学院的高级成员, 通常被选举出来担任一个特定的职位, 承担与学术工作、学院管理相关的责任。一个学院的学院学者可能包括全职、研究、访问、荣誉和退休类别, 以及学院同员, 每一种都有不同的学位、地位类别和责任。学院学者通常 (尽管不是必须) 在学院中担负教学和管理任务。　　　　学院学者

Fly Sheets: 理事会*成员传阅的声明或解释, 以详细阐述那些提请投票表决*的事项。　　　　小型传单

Fresher: 对大一本科生的口语称呼。　　　　新生

Full Term: 学年*被分为三个学期* (米迦勒节、四旬斋、复活节学期)。每个学期的中心部分称为正式学期, 开展教学活动, 期间大学成员通常被认为应该住校或驻任。一般来说它延续8周半的时间。　　　　正式学期

General Admission: 每年3月底的连续几天会举行三次集聚会*, 被称为学位总颁发日。大多数完成其最后一年学业的本科生列队行进, 在集聚会上获颁第一学位*, 通常情况下是文学士学位*。在全年过程中还有8次集聚会也颁发学位。　　　　学位总颁发

General Board of the Faculties (the General Board): 它是两个中心团体之一 (另一个是校政会*), 全面负责大学的教研项目。特别是, 委员会的职责是就教育政策向大学提出建议, 以及对恰当推行那一政策所需的资源加以控制。总务会负责制定教研标准、指派考官、确保大学教员遵守规章和很好地履行职责。实践中大多数与教学或科研相关的事务都会提交委员会商议。委员会的秘书是学术秘书, 主席是副校长*。在正　　　　院总务会 (总务会)

式学期*中大致每到第四个周三要开会,还有某些另外的会议。委员会有一些重要的常务委员会,包括处理资源分配的需求委员会、安排课程和考试内容的教育委员会、科研政策委员会。它还与校政会形成联合委员会,共同处理资源分配和人事问题。

学袍和装饰兜帽　Gowns and hoods: 每个学院的本科生都有特征性的及膝学袍,通常为黑色(三一学院、冈维尔与基斯学院除外,为深蓝色)。在正式场合要穿着学袍,包括造访评议会堂、进晚餐和去礼拜堂(有些学院如此)。在毕业典礼上装饰兜帽要搭配学袍一起穿着。文学硕士学位*和博士学位*获得者有资格穿着不同类型的学袍。

动议　Grace: 通常是校政会*提出动议,交由理事会*、偶尔是评议会*来作出决定。如果十日内没有异议则可获批准。如果校政会或理事会25位成员提出要求,理事会则就一项动议进行表决。

感恩颂祷　Grace: 也用来指称那些更为正式的学院中的晚餐前祷,在某些学院仍旧由一名学生用拉丁语念诵。

毕业典礼　Graduation: 这一仪式每年在评议会堂举行10次左右。每一学院即将毕业的学生身着正式服装一起列队行进,去接受学位*颁发。每年6月的特殊仪式被称为学位总颁发*,那时大多数完成三或四年学业的学生获颁文学学士学位*。

高级管政　High Steward: 大学的高级官员之一,在某些严格限定的情况下可能会被要求代替校长*行使职责,比如解决关于学院对大学应尽义务的争议。

高位餐桌　High Table: 大多数学院保留了正式的晚宴安排,学院学者及其客人就座于特殊桌子的周围,与学生们相区隔。在较古老的餐厅,高位餐桌位于一端,与学生餐桌成直角摆置,而且可能位于它们之上的高台上。

荣誉学位　Honorary Degree: 通常这是一个博士学位*水平的特殊学位,授予非常杰出的人士,不管是来自英国还是其他地方。通常在每年6月举行的华美仪式上由校长*亲自颁发荣誉学位。它是大学能够给予的最高荣誉。

合并　Incorporation: 毕业于牛津大学或都柏林大学(三一学院)的大学官员或

学院学者*被承认拥有对应的剑桥学位*,这样的认可程序被称为合并。

Long Vacation: 三个学期*由三个假期分隔开(圣诞节、复活节和长假期),假期中本科教学暂时停止。在为期13周的长假期中,拨出一个时段用作特定的与某些课程相关的特殊教学,如今一般是语言和计算机课程。这被称为长假住校期,一般叫作"长假学期"。大学的其他活动,尤其是科研,在假期中仍旧持续。
长假

M.A.: M.A.是剑桥的文学硕士学位。在大多数英国大学中,文学硕士是依据考试而授予的学位。而在剑桥,M.A.不是一种研究生学位资格。它授予的对象是剑桥大学的本科学位获得者,从他们住校的第一个学期末算起,6年之后即有权利获得,或者是某些其他高级成员有权获得。
文学硕士学位

Master: 学院的院长是其首脑,通常由其他学院学者选举产生,有一定任期,有些情况下则是从外部指派的。大学的所有学院都有院长,除了一些例外:克莱尔堂、休斯堂、露西·卡文迪什学院、默里与爱德华兹学院、皇后学院和沃夫森学院称其首脑为"President";霍默顿学院和纽纳姆学院是"Principal";格顿学院有"Mistress";国王学院是"Provost";罗宾逊学院是"Warden"。
院长

Matriculation: 尽管从1962年开始就没有举行过正式的大学入学典礼,所有的剑桥新生仍旧必须注册加入其学院,方式是签署一个声明,表示自己将遵守规章,从而正式入学。大多数学院为其新生安排一次入学晚餐、拍一张入学照片。此词来自拉丁词"matrix",意思是登记或注册。"Coming up"是经常使用的替代"入学"一词的口语。
入学

Non Placet: "请不要"的拉丁文形式,最初是集聚会*上的大学立法提案投票人使用的,它仍旧用来表示对动议*的反对。
不同意

Ordinances: 大学章程允许大学为了其事务的适当运作而制定规则,即条例。条例及其修正案由理事会*、评议会*或总务会*制定。条例可以与大学事务的任何方面相关。
条例

Ph.D.: 参见Doctorate*。
哲学博士学位

院管　　　Porter: 几乎所有的学院都有院管，他们是学院工作人员，其担负的职责通常由总院管来领导。对学生和来访者而言，最熟悉的院管形象就是职守在学院入口的门厅里的人，他们回答问询、守卫大门、分发钥匙，关于学院的内部安排有很多信息。

研究生　　Postgraduate：一名研究生是指在剑桥或别处获得第一学位*、如今在攻读更高学位的学生。

学督　　　Proctors: 每年由学院轮流提名、由理事会*选举出来的两名官员，一位级别较高、一位级别较低。在正式和纪律事务上，他们代表理事会*。他们负责集聚会*和其他场合的礼仪，以及维持大学中的公共秩序和言论自由。他们与两位助理学督一起效力于监察委员会*。级别较低的学督在学生会事务和大学社团方面负有特别职责。被任命为学督的人通常第一年做助理学督，而后做一年的学督，最终再做一年的副学督。

平底小舟　Punt: 在剑桥或牛津，平底小舟撑篙人是那些在狭长、扁平的船上撑船的人。事实上，一年四季都能在河上看见这些小舟，学期之中则白天或黑夜的大多数时间都能看见。在磨坊池塘（格兰塔广场）、码头区（茂德林桥）等地有面向公众的平底小舟租游点。这种平底小舟游览是19世纪晚期发展起来的，其基础是那些早年在泰晤士流域的浅流中游弋的渔船或货船。1902年左右这一风潮影响到了剑桥，尽管在爱德华时期风行全国，如今几乎只在剑桥或牛津才有这项活动。

理事会　　Regent House: 理事会是大学的管理机构，由来自大学和学院的约4 000名教师和行政人员组成。理事会是大学的立法组织，所有涉及程序或政策的重大改变的提案都必须提交给它批准。当要求作出决定时，校政会*在《大学报告》*中以动议*形式发表这一事项。如果提案有争议，就可以要求理事会就提案进行邮寄投票表决。理事会也是主要的选举机构，选出校政会和监察委员会*的大多数成员，而且通过动议来作出任命。

教务主任　Registrary: 大学的首要行政官员，以及联合管理部的首脑。

《大学报告》　Reporter: 大学的官方杂志，内容包含大学事务、任命、职位空缺、事件、报告*、动议*、讨论会*的通报。在学期中每周三出版《大学报告》，假期中偶尔出版。米迦勒节学期伊始会出版一份特刊（"职员号"），包括所有官方委员会、理事会等成员的完整信息，以及大学的学术和行政任命的全部名单。杂志也出版有其他专刊，例如涉及录取数据、大学账目和考试结果的专刊。

Reports: 向大学提出的、支持某些变革或新举措的理性论证，这些提案公布在《大学报告》*上被讨论，如果必要就会进行投票表决*。　　报告

Residence: 要求大多数学生和学术职员在每个正式学期*中住校或驻任；如果不经特殊豁免，职员和学生都必须居住在圣马利亚大教堂为中心的规定半径范围之内。一般来说，除非学院证明学生在特定时期住校从而"遵守学期要求"，否则他们可能不会获颁学位*。　　住校或驻任

Scarlet Days: 要求剑桥博士学位获得者在公众场合穿着节庆或红色学袍的那些天称为红日。条例确定了它的固定日期，不过此外副校长还可以规定其他日期为红日，如果（例如说）它们是国家庆祝日或其他对大学具有特殊重要性的日子。　　红日

School: 对院*和其他机构的管理归类。一个学部的责任主要涉及对其成员机构的资源分配。大学共有6个学部（艺术与人文、生命科学、临床医学、人文与社会科学、自然科学、技术）。这个词有时也用于指称一座建筑以及其中开展的研读活动，或是用在某些院的为人熟知的名字中。　　学部

Senate: 剑桥文学硕士学位*或更高学位的获得者组成了大学评议会。评议会曾是大学的管理机构，一直到1926年为止，如今这一角色由理事会*扮演。评议会选举出校长*和高级管政*。身为评议会成员，会被赋予高级地位以及某些特权，诸如从大学图书馆中借书。　　评议会

Septemviri: 大学的裁判庭，由7名成员构成。它是处理与违犯纪律相关的上诉的最终裁判庭。　　七人执政团

Shield of the University: 参见Arms*。　　大学盾形纹章

Statute: 剑桥大学由一套章程来治理，这套章程制定于1926年，以13世纪以来的立校法规为基础。1926年以来已有很多修正案，它们需要经女　　章程

王会同枢密院批准生效。大学是一个习惯法团体。

导师	Supervisor：指的是一名学院教师，在其专业领域教本科生*，或是单独教授，或是小组教学。

联合会 Syndicate：为监管大学内的特定活动而成立的委员会，有时是学术性的、有时是管理性的。它由从多个领域抽调的大学高级成员组成，比如有膳宿联合会、图书馆联合会、出版联合会和运动联合会。有时也会任命暂时的联合会来应对当前的主要特殊问题，这一实践仍在持续。

学期 Term：学年*被分为三个学期（米迦勒节学期：10月到12月；四旬斋学期：1月到3月；复活节学期：4月到6月）。亦参见Full Term*（每个学期内的更小部分）、Long Vacation*、Residence*。

学士学位考试 Tripos：这是给一种剑桥考试起的名字，该考试导致获得文学士学位*。此词源自希腊 – 拉丁词 "三足凳"，指的是过去笔试之前考官在听候选人为其课业做口头答辩时坐的凳子。此词的这个意思是剑桥独有的，至少16世纪就开始在这里使用了。
学士学位考试结果划分为 "一等"（最高成绩，通常占学生的20%左右）、"二等上"（52%左右）、"二等下"（23%左右）、"三等"（5%左右）。

辅导员 Tutor：负责一群本科生的安康福利并指导他们的学院官员，但不负责他们的学术教导，后者是学业督导*的任务，在剑桥就是这样分工的。

本科生 Undergraduate：本科生是攻读第一学位*的学生，通常是文学士学位*。大多数剑桥本科生将近20岁或刚20岁，不过也有成人学生在较大的年龄入学。

假期 Vacation：参见Long Vacation*。

副校长 Vice-Chancellor：副校长监管大学行政，是其首要的全职驻任官员，担负许多重要的礼仪和法定义务。副校长由校政会*提名、理事会*任命，任期可达7年。还有5位领薪的具有确定职责的助理副校长，以及许多代理副校长，后者由副校长指派，在集聚会*这样的正式场合发挥作用以及行使特定任务。

阅读书目

关于剑桥建筑的更多详细讨论，读者可以参阅Nikolaus Pevsner的 *The Building of England: Cambridgeshire*（Penguin Books，1954年；1970年第二版；现在由耶鲁大学出版社出版）、Tim Rawle的 *Cambridge Architecture*（Trefoil Books，1985年；André Deutsch Limited，第二版，1993年），以及下列的Nicholas Ray、Willis & Clark的著作。以下是剑桥大学出版社出版的关于剑桥的有用书籍选录，均在位于三一街1号的出版社书店有售。

The Story of Cambridge, by Stephanie Boyd, 2005.

Cambridge Architecture: A Concise Guide, by Nicholas Ray, 1994.

The Architectural History of the University of Cambridge: Volumes I, II, and III, by Robert Willis and John Willis Clark, 1886; Reissued 1988.

A Concise History of the University of Cambridge, by Elisabeth Leedham-Green, 1996.

A History of the University of Cambridge:

    Volume I: The University to 1546, by Damien Riehl Leader, 1989;

    Volume II: 1546-1750, by Victor Morgan and Christopher Brooke, 2004;

    Volume III: 1750-1870, by Peter Searby, 1997;

    Volume IV: 1870-1990, by Christopher Brooke, 1992.

A History of Cambridge University Press, by D.J. McKitterick:

    Volume I: Printing and the Book Trade in Cambridge, 1534-1698, 1992;

    Volume 2: Scholarship and Commerce, 1698-1872, 1998;

    Volume 3: New Worlds for Learning, 1873-1972, 2004.

Cambridge University Press 1584-1984, by M.H. Black, 1984.

A Short History of Cambridge University Press, by M.H. Black, 1992; second edition, 2000.

University of Cambridge Official Map; fourth edition, 2006.

Bedders, Bulldogs and Bedells: A Cambridge Glossary, by Frank Stubbings, 1995.

Cambridge Street-Names: Their Origins and Associations, by Ronald Gray, Derek Stubbings and Virén Sahai, 2000.

Cambridge Contributions, edited by Sarah J. Ormrod, 1998.

Cambridge Minds, edited by Richard Mason, 1994.

Cambridge Scientific Minds, edited by Peter Harman and Simon Mitton, 2002.

Cambridge Women: Twelve Portraits, edited by Edward Shils and Carmen Blacker, 1996.

Women at Cambridge, by Rita McWilliams Tullberg, 1998.

Cambridge Theatres: College, University and Town Stages, 1464-1720, by Alan H. Nelson, 1994.

Cambridge in the Age of the Enlightenment: Science, Religion and Politics from the Restoration to the French Revolution, by John Gascoigne, 1989.

The Cambridge Apostles, 1820-1914: Liberalism, Imagination, and Friendship in British Intellectual and Professional Life, by W.C. Lubenow, 1998.

Printing and Publishing for the University of Cambridge: Three Hundred Years of the Press Syndicate, by Gordon Johnson, 1999.

The Making of the Wren Library: Trinity College, Cambridge, by D.J. McKitterick, 1995.

Lady Margaret Beaufort and her Professors of Divinity at Cambridge: 1502 to 1649, by Patrick Collinson, Richard Rex and Graham Stanton, 2003.

The Whipple Museum of the History of Science: Instruments and Interpretations, to Celebrate the 60th Anniversary of R.S. Whipple's Gift to the University of Cambridge, edited by Liba Taub and Frances Willmoth, 2006.

Examining the World: A History of the University of Cambridge Local Examinations Syndicate, edited by Sandra Raban, 2008.

University Politics: F.M. Cornford's Cambridge and his Advice to the Young Academic Politician, by Gordon Johnson, 1994; second edition, 2008.

Cambridge University Historical Register Supplements (historical lists of University members).

The University of Cambridge Statutes and Ordinances (annually).

The University of Cambridge Guide to Courses (annually: online only from 2007–2008).

The Cambridge Pocket Diary (annually).

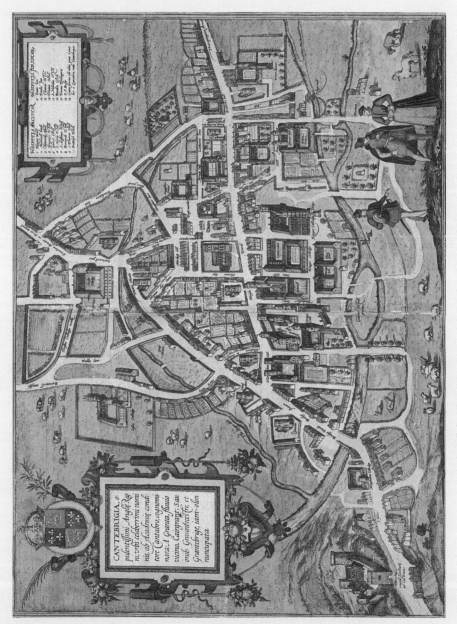

伊丽莎白时期的剑桥：乔治·布朗的剑桥规划图，可追溯至 1575 年

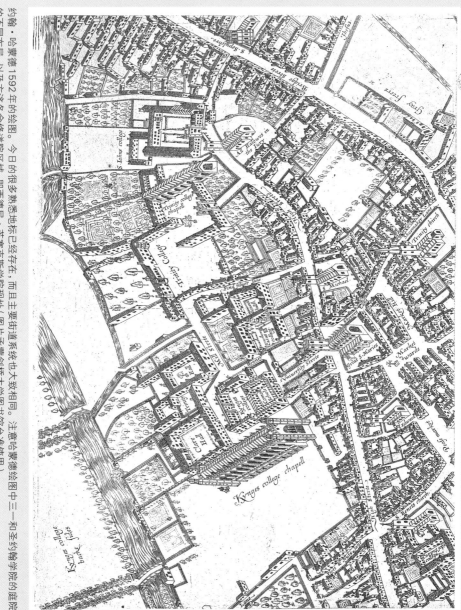

约翰·哈蒙德 1592 年的绘图。今日的很多熟悉地标已经存在，而且主要街道系统也大致相同。注意哈蒙德绘图中三一和圣约翰学院的庭院的不同布局，以及方济各会修道院区域，即西德尼·苏塞克斯学院现址（图片承蒙剑桥大学图书馆允准使用）。